튜링과
함께하는
아이큐 퍼즐

Turing
Test

1

튜링과
함께하는
아이큐 퍼즐

튜링 재단 · 에릭 손더스 지음

Expert
IQ Puzzle

이지북
EZbook

차례

머리말

앨런 튜링이 마지막으로 발표한 논문은 퍼즐에 관한 것이었습니다. 인기 과학 잡지 《펭귄 사이언스 뉴스》에 기고했던 그 논문 주제는 많은 수학 문제가 풀릴 수 있는 반면, 어떤 특정한 문제는 풀릴 수 있는지 아닌지 미리 알 수 없다는 점을 일반 독자에게 설명하는 것이었습니다.

　20세기 중반 컴퓨터 발달에 끼친 앨런 튜링의 역할은 잘 알려져 있습니다. 아마도 기계가 생각할 수 있는지 아닌지를 결정하기 위해 그가 창안한 '이미테이션 게임' 테스트가 가장 유명할 것입니다. 요약하자면, 컴퓨터일 수도 있고 사람일 수도 있는 피험자에게 인간 질문자가 문제를 내서 그 응답을 통해 피험자가 실제 사람인지 아닌지를 알아내는 테스트입니다. 만약 질문자가 실제 사람의 응답이라고 결론을 내렸는데 사실은 피험자가 기계였다는 것이 밝혀진다면, 여러분은 기계가 '생각' 한다는 것에 동의할 것입니다. (앨런 튜링 자신은 기계가 생각할 수 있느냐 아니냐에 대한 논쟁은 다소 무의미하다고 생각했습니다. 아마도 컴퓨터를 어떤 용도로 사용할 수 있는지 알아내는 것이 더 중요하다고 여겼을지도 모릅니다.) 요즘은 사람의 대화를 모방할 수 있는 컴퓨터 프로그램이 특별히 '지능적'이라고 생각되는 것이 아니라, 문제나 퍼즐을 푸는 참신한 방법을 고안해낼 수 있는 컴퓨터 프로그램을 지능적이라고 생각합니다.

　컴퓨터는 이제 직장과 집 책상 위, 스마트폰이나 태블릿피시뿐만이 아니라 거의 모든 현대 기계에서 흔하게 볼 수 있습니다. 세계 모든 지역이 다 그렇다는 것은 아니지만 사람들에게 컴퓨터 기술과 코딩을 가르치는 일은 이제 확실히 교육과정의 일부가 되었습니다. 아프리카에서는 학교에서 컴퓨터를 접할 기회가 상황에 따라 매우 다르며, 일부 국가에서는 학생이 실제로 컴퓨터를 직접 체험할 기회가 거의 없습니다. 예를 들어, 말라위에서는 학생들이 집에서 컴퓨터를 사용할 확률이 8%

에 불과하지만, 학교에 컴퓨터가 있으면 90% 이상의 학생이 접근할 수 있습니다. 98% 이상의 학생이 컴퓨터로 배울 때 더욱 즐겁다고 말하는 것으로 보아 컴퓨터를 제공하는 것은 학생들에게 동기를 부여하는 일입니다.

2009년 앨런 튜링의 종손인 제임스에 의해 설립된 자선단체 '튜링 재단'은 컴퓨터 개발에서 앨런 튜링이 남긴 유산을 기리는 실용적인 방법으로 이러한 난제를 해결하고자 합니다. 튜링 재단은 아프리카 학교에 작동이 잘되는 중고컴퓨터를 제공하여, 컴퓨터를 배울 수 없는 시골 지역에 컴퓨터실을 구축할 수 있도록 하고 있습니다. 새롭게 단장한 컴퓨터는 지역 교육과정에 관련된 자료가 입력된 전자도서관이 갖춰진 후, 소외된 지역사회로 보내집니다.

이 책을 구입하시고 튜링 재단을 지지해주셔서 고맙습니다.

더멋 튜링
2018년 10월

독자에게 드리는 유의 사항

이 책의 퍼즐은 심약한 사람을 위해 의도된 것이 아니라, 숙련된 퍼즐 해결사에게 도전하기 위해 고안되었습니다. 퍼즐은 세 단계의 난이도로 나뉘며, 세 번째 단계의 퍼즐은 정말 전문가를 위한 것입니다.

본 책에 달리 언급되지 않은 한, 책에 인용된 내용은 앨런 튜링의 말입니다.

본 책의 측정법은 미터법을 따랐으며, 책은 전부 영국 철자를 사용했습니다.
(앨런 튜링이었다면 틀림없이 그렇게 했겠지요.)

7

세제곱수

1	1
2	8
3	27
4	64
5	125
6	216
7	343
8	512
9	729
10	1000
11	1331
12	1728
13	2197
14	2744
15	3375
16	4096
17	4913
18	5832
19	6859
20	8000

제곱수

1	1
2	4
3	9
4	16
5	25
6	36
7	49
8	64
9	81
10	100
11	121
12	144
13	169
14	196
15	225
16	256
17	289
18	324
19	361
20	400

소수

| 2 |
| 3 |
| 5 |
| 7 |
| 11 |
| 13 |
| 17 |
| 19 |
| 23 |
| 29 |
| 31 |
| 37 |
| 41 |
| 43 |
| 47 |
| 53 |
| 59 |
| 61 |
| 67 |
| 71 |

알파벳 숫자 값

1	A	26	14	N	13
2	B	25	15	O	12
3	C	24	16	P	11
4	D	23	17	Q	10
5	E	22	18	R	9
6	F	21	19	S	8
7	G	20	20	T	7
8	H	19	21	U	6
9	I	18	22	V	5
10	J	17	23	W	4
11	K	16	24	X	3
12	L	15	25	Y	2
13	M	14	26	Z	1

카드게임 숫자 값

Ace	1	8	8
2	2	9	9
3	3	10	10
4	4	Jack	11
5	5	Queen	12
6	6	King	13
7	7		

파이 (π) = 3.142

물음표 자리에 들어갈 숫자는 무엇일까요?

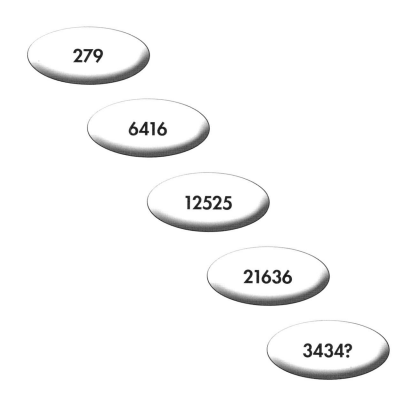

279

6416

12525

21636

3434?

 물음표 자리에 들어갈 숫자들은 무엇일까요?

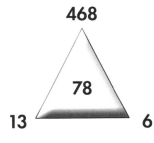

468

78

13   6

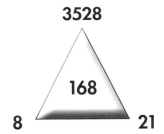

3528

168

8   21

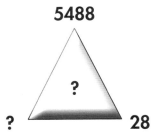

5488

?

?   28

아래의 시계는 오늘 오전 1시에 정확히 맞춰져 있었는데, 매시간 4분씩 늦어집니다.

시계는 지금 8시 28분을 가리키고 있는데, 오늘 아침 다시 확인하기 2시간 전에 멈춘 것으로 계산됐습니다.

그렇다면 시계는 실제로 몇 시에 확인되었을까요?

아무도 생각할 수 없는 일을 해내는 사람은
어느 누구도 할 거라고 짐작하지 않은
바로 그 사람인 경우가 있다.

이 도형의 총 표면적은 얼마일까요?
앞면과 뒷면의 치수는 동일합니다.

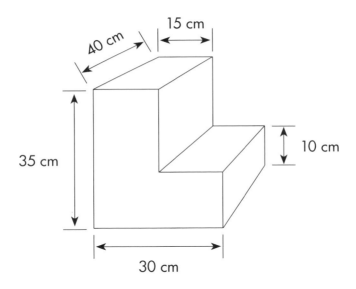

A, B, C, D 중 물음표 자리에
들어갈 것은 무엇일까요?

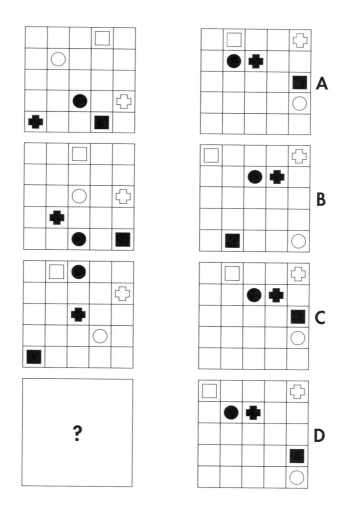

1단계

연속해서 움직이는 3개의 톱니바퀴가 있습니다.
A, B, C, A, B, C… 순으로 이어서 움직입니다.

톱니바퀴 A는 시계 방향으로만 회전할 수 있으며,
화살표가 다음 숫자를 가리킬 수 있도록 매 회전마다
한 자리씩 움직입니다. 만약 톱니바퀴 A의 화살표가
짝수를 가리키면 톱니바퀴 B는 시계 방향으로 한 자리를
움직이지만, 톱니바퀴 A의 화살표가 홀수를 가리키면
톱니바퀴 B는 반시계 방향으로 두 자리를 움직입니다.
만약 톱니바퀴 B의 화살표가 짝수를 가리키게 되면,
톱니바퀴 C는 시계 방향으로 세 자리를 이동하지만,
톱니바퀴 B의 화살표가 홀수를 가리키면 톱니바퀴 C는
반시계 방향으로 네 자리 이동합니다.

이제 톱니바퀴 A가 돌기 시작하고 각각의 톱니바퀴가 9번
움직여서, 톱니바퀴 A의 화살표가 다시 '1'을 가리키고
있습니다. 다른 두 톱니바퀴의 화살표가 각각 가리키는
숫자는 무엇일까요?

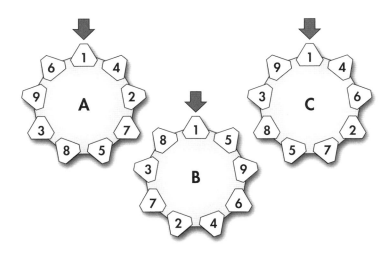

수평이나 수직으로 선을 그어 모든 점을
연결시켜 하나의 고리가 되도록 합니다.
고리의 선은 스스로 교차하거나 겹칠 수 없습니다.
일부 선은 이미 그어져 있습니다.

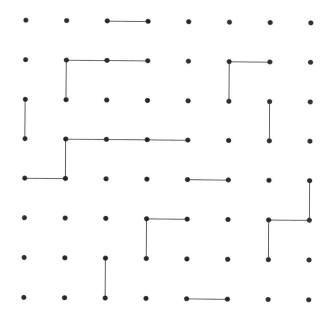

물음표 자리에 들어갈 숫자는 무엇일까요?

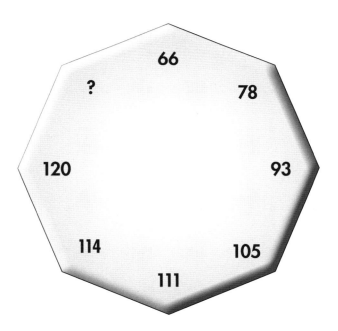

아담과 이브는 폐가 탐험을 좋아합니다. 그들은 어제 그런 집을 방문했는데, 그 집의 설계는 아래와 같습니다. 보다시피 일부 벽만 남아 있습니다.

집 벽은 완벽하게 정사각형 블록으로 지어졌고, 각 면의 가장자리는 정확히 2미터이며 어떤 블록들은 다른 블록들과 정확히 가운데 오는 위치에 나란히 놓여 있습니다.

두 사람은 모두 집 주위를 시계 방향으로 걸으며 벽의 둘레를 측정하기로 했는데, 아담은 바깥쪽을, 이브는 안쪽을 측정하면서 각자의 시작점(설계도의 X 표시)으로 돌아오기로 했습니다.

1번째 블록과 마지막 블록 사이의 떨어진 2미터 공간을 제외하고, 그들이 잰 측정값은 얼마일까요?

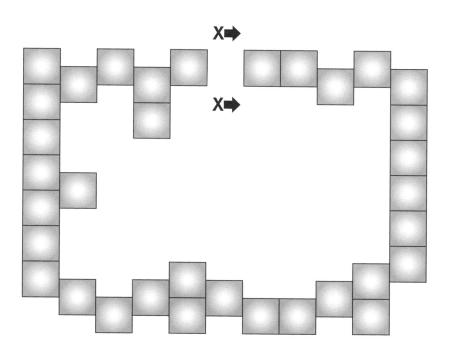

17

1단계

10 다음 중 이상한 것 하나는 어느 것일까요?

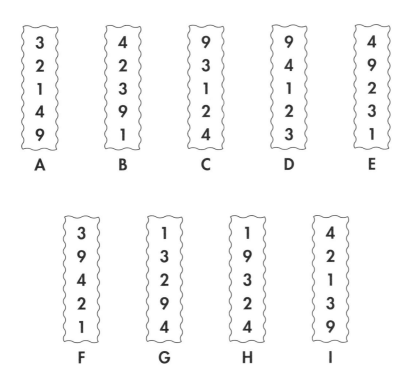

A	B	C	D	E
3	4	9	9	4
2	2	3	4	9
1	3	1	1	2
4	9	2	2	3
9	1	4	3	1

F	G	H	I
3	1	1	4
9	3	9	2
4	2	3	1
2	9	2	3
1	4	4	9

물음표 자리에 들어갈 숫자는 무엇일까요?

<table>
<tr><td>6</td><td></td><td>21</td></tr>
<tr><td></td><td>?</td><td></td></tr>
<tr><td>15</td><td></td><td>3</td></tr>
</table>

6   21
   ?
15   3

13   48
  48
4   12

11   57
  52
5   19

7   84
  91
17   3

1단계

각각의 원에는 그 원 바로 아래에 있는
2개의 원에 있는 수를 더한 숫자가 들어갑니다.
빈 원에 들어갈 숫자를 구해 채워 넣으세요.

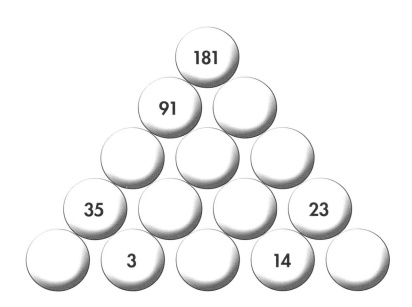

각 캔은 3개의 조각으로 제작됩니다.

235mm x 110mm 크기의 긴 조각 하나가 캔의 몸체를 구성하고, 각각 75mm의 지름(캔의 테두리 포함)을 가진 2개의 둥근 조각이 캔의 양 끝을 구성합니다.

675mm x 770mm 크기의 금속 1장으로 몇 개의 캔을 만들 수 있을까요?

앨런 튜링은 영국 남서부 도싯주에 있는 셔본 학교에서 수학과 과학에 놀라운 능력을 보였습니다. 그는 초등 미적분학을 14세 때 공부하지 않고도 고급 문제를 풀 수 있었습니다.

1단계

화살표에 표시된 칸의 수만큼 화살표 방향으로 움직여 가운데 검은 칸에 도착할 수 있는 경로가 하나 있습니다.

모든 칸을 한 번만 방문하기 위해서는, 어느 칸에서 시작해야 할까요?

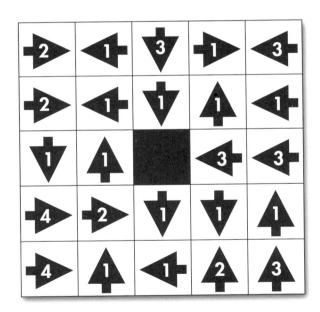

물음표 자리에 들어갈 숫자는 무엇일까요?

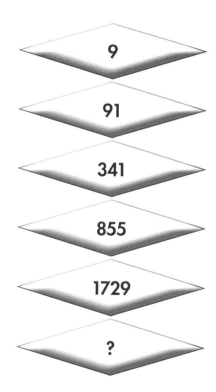

 물음표 자리에 들어갈 숫자는 무엇일까요?

7	21	15
8	30	22
12	27	24
28	44	16
22	56	?

5개 도형 각각의 정수 값을 구하세요.

★	✚	▲	●	▲	= 112
▲	★	▲	●	●	= 158
▲	✚	●	▲	▲	= 91
★	✚	●	★	★	= 154
★	■	▲	▲	▲	= 58
=	=	=	=	=	
88	88	137	158	102	

25

18 격자판의 모든 칸에 불이 켜질 때까지, 2개의 전구가
서로 비추지 않도록 빈칸에 원(전구를 나타냄)을 놓으세요.
전구는 빛이 검은 칸에 의해 가려지지 않는 한,
전구가 놓인 곳의 전체 행과 열을 비추며 수평과 수직으로
빛을 보냅니다.

일부 검은 칸은 바로 위나 아래 또는 오른쪽이나 왼쪽 칸에
얼마나 많은 전구가 있는지 나타내는 숫자를 포함하고
있습니다. 번호가 매겨진 칸에 대각선으로 인접한 곳에
놓인 전구는 전구 개수에 포함되지 않습니다.
번호가 매겨지지 않은 검은 칸은 인접한 곳에 수많은
전구가 있거나 전혀 없을 수 있으며, 모든 전구가 반드시
검은 칸을 통해 힌트를 제공받지는 않습니다.

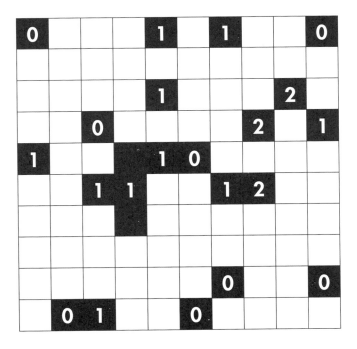

1에서 9까지의 숫자가 커다란 삼각형 6개 속 개별 칸에 배치돼야 합니다.

어떤 숫자도 가로선이나 대각선에 한 번 이상 나타나지 않으며, 두 선은 중앙의 육각형에 의해 끊기기도 합니다.

일부 숫자는 이미 칸에 쓰여 있습니다.

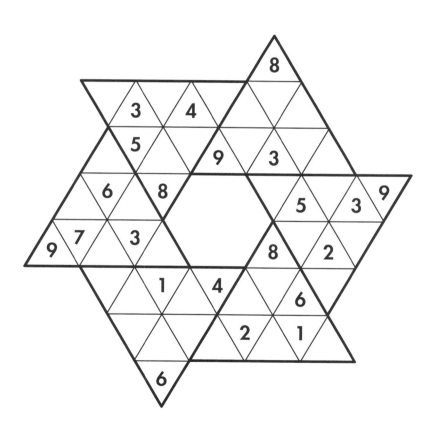

20 물음표 자리에 들어갈 문자는 무엇일까요?

E	F	P

M	H	F

V	B	C

G	E	O

S	C	E

F	?	G

아래의 박스 도면을 접어서 정육면체를 만든다면,
다음의 A, B, C, D, E 중 1개를 만들 수 있습니다.
어느 것일까요?

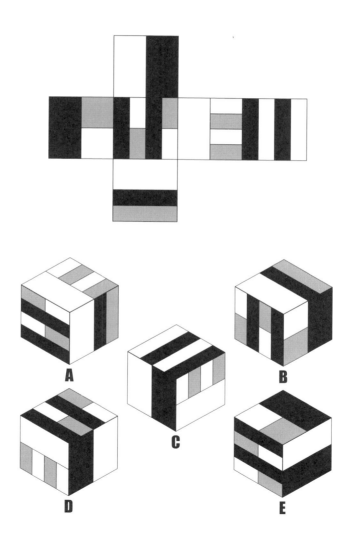

물음표 자리에 들어갈 숫자는 무엇일까요?

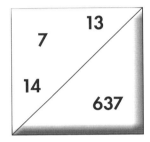

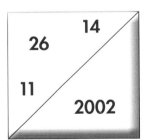

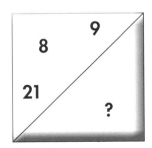

농부 펠릭스는 트랙터를 갖고 있는데, 그중 9대를 자신의 농장(A농장)에서 멀리 떨어진 농장(B농장)으로 옮겨야 합니다.

다행히 농부 9명이 트랙터를 운전하여 도와주기로 했습니다. 하지만 트랙터를 옮길 농장이 걷기에도 너무 멀리 있기 때문에, 농부들을 다시 수송할 차량이 필요합니다. 그리고 이용할 수 있는 차량은 각각 운전자와 승객 2명을 태울 수 있는 펠릭스 소유의 트랙터 10대뿐입니다.

트랙터 10대 중 9대를 농장으로 옮길 수 있는 가장 빠르고 경제적인 방법은 무엇일까요?

세기말이 되면… 기계가 사고할 수 있다는 것을 누구에게도 반박하지 않고, 말할 수 있으리라 확신한다.

24 물음표 자리에 들어갈 문자는 무엇일까요?

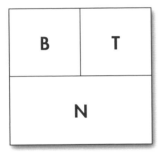

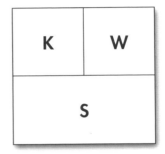

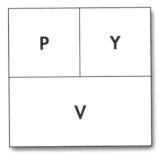

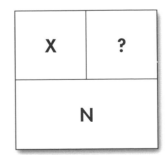

물음표 자리에 들어갈 숫자들은 무엇일까요?

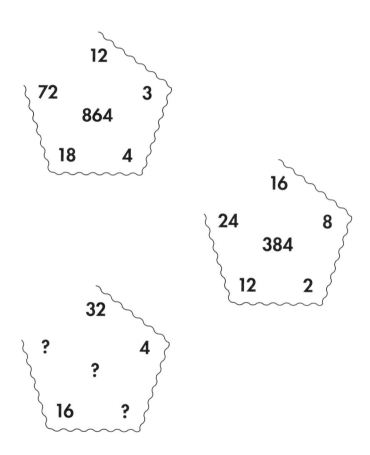

12

72   3

864

18   4

16

24   8

384

12   2

32

?   4

?

16   ?

1단계

26 모든 방향(수평이나 수직이나 대각선)에서 직선으로 연속된 4개의 칸에 동일한 기호가 3개 이상 포함되지 않도록, 빈칸에 X 또는 O를 배치하세요.

	X	X	X			X	X
	X	O	X	X	O		
	X					O	
		O		O	X	O	X
X		X	X				X
O	X				O	X	
	X		O	X		O	
		X			O	O	X
		O					
	O	O	O	X	O	O	
		O	O		O	X	
X		X				O	X
X	O		O		O		
					O		
X			X		X	X	
O		X	X		O		
X	X	O	O			X	

다음의 A, B, C, D 중에서
물음표 자리에 들어갈 그림은 무엇일까요?

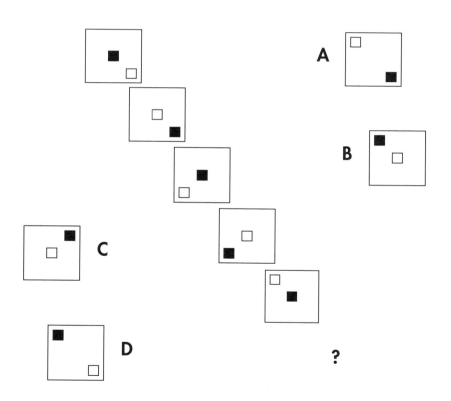

 물음표 자리에 들어갈 숫자는 무엇일까요?

3	26
7	546

4	37
8	1184

5	35
6	1050

2	23
9	?

물음표 자리에 들어갈 숫자는 무엇일까요?

L

S   9.3

X

R   12.6

P

X   12

Q

K   ?

숫자 1~7 중 1개로 빈 원을 채우세요.
모든 가로줄, 세로줄, 연결된 원 7개 그리고
대각선으로 놓인 원 7개에는 서로 다른 7개의 숫자가
들어가야 합니다.

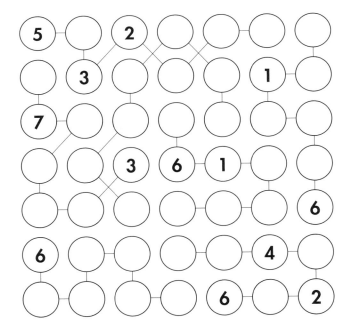

물음표 자리에 들어갈 숫자는 무엇일까요?

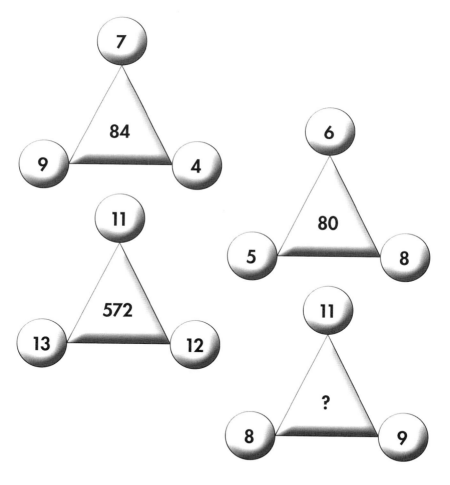

32 물음표 자리에 들어갈 문자들은 무엇일까요?

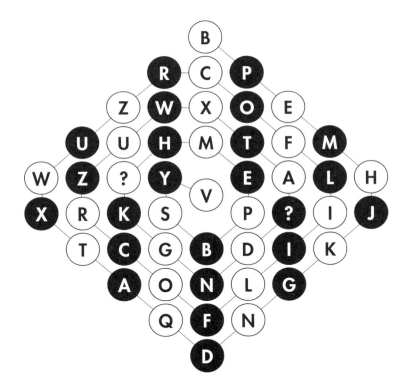

물음표 자리에 들어갈 숫자는 무엇일까요?

REMBRANDT = 16

TINTORETTO = 16

BOTTICELLI = 14

VERMEER = 18

DONATELLO = ?

튜링은 '현대 컴퓨터의 아버지'로 여겨진다.
그는 최초로 1947년에 컴퓨터 지능을 언급한 강의를 했다.

 물음표 자리에 들어갈 숫자는 무엇일까요?

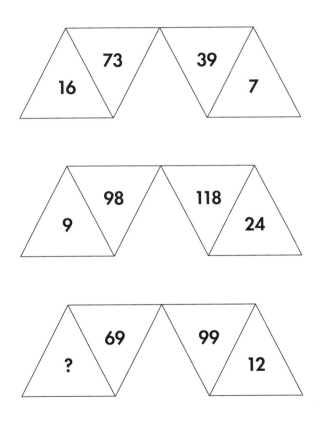

다음의 A, B, C, D 중에
물음표 자리에 들어갈 것은 무엇일까요?

-1	6	0
2	4	3
2	7	-2

11	18	15
14	17	12
14	19	10

A

6	5	1
11	7	8
2	6	2

10	19	14
15	16	14
12	18	11

B

6	14	8
10	10	7
6	11	3

14	14	11
19	16	18
10	15	12

C

10	13	8
15	13	16
7	10	10

11	18	12
14	17	15
14	19	10

D

?

11	18	12
14	16	15
14	19	10

E

각 행과 열에 1에서 6까지의 숫자를 1칸에 1개씩 오도록 배치하세요. 각각의 숫자는 그만큼의 층수를 가진 고층 건물을 나타냅니다.

격자무늬 밖에 쓰여진 숫자가 해당 숫자의 행 또는 열에서 봤을 때, 해당 지점에서 볼 수 있는 건물의 수를 나타내도록 고층 건물을 배열하세요.

층수가 낮은 건물은 더 높은 건물을 숨길 수 없지만, 층수가 높은 건물은 항상 그 뒤에 더 낮은 건물을 숨기고 있습니다.

	5	1	3		2	5	
3							2
2							4
2							
							2
	2	4	2	5	2		

물음표 자리에 들어갈 숫자는 무엇일까요?

389	123
43	12

245	777
19	54

357	241
7	86

?	876
131	13

물음표 자리에 들어갈 숫자들은 무엇일까요?

47	16	63	31
31	13	18	18
54	28	26	26
16	45	61	29
25	61	86	36
47	?	39	?

저울 A와 B가 완벽하게 균형을 이룬다면, 저울 C의
균형을 맞추기 위해서는 몇 개의 하트가 필요할까요?

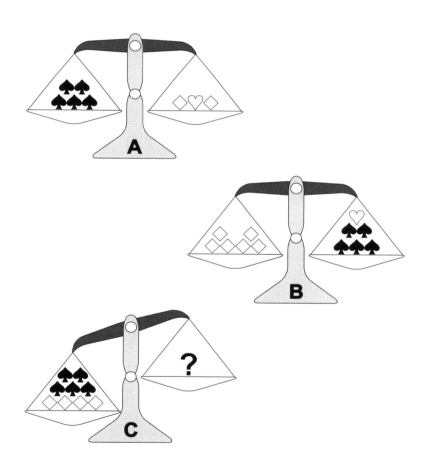

물음표 자리에 들어갈 숫자는 무엇일까요?

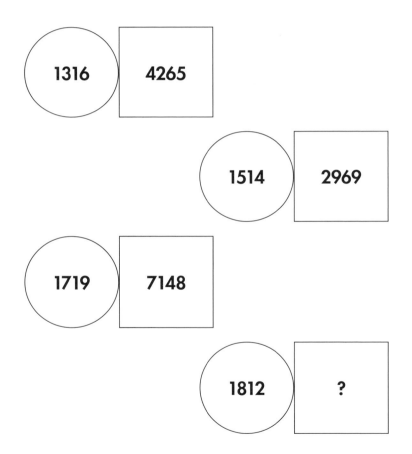

물음표 자리에 들어갈 숫자는 무엇일까요?

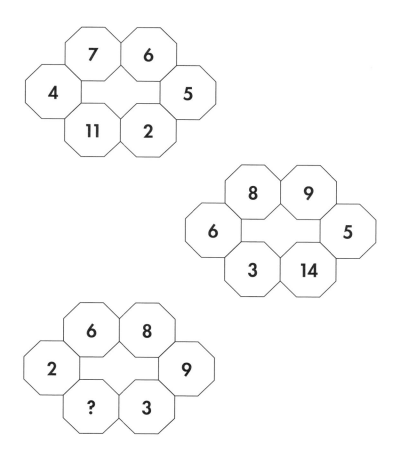

42 아래의 전개도를 접어서 정육면체를 만들면,
A, B, C, D, E 중 1개만 만들어집니다. 어느 것일까요?

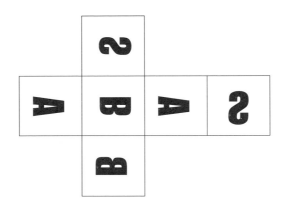

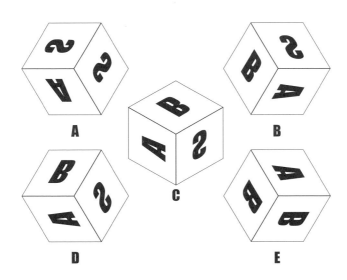

5,000L 용량의 양어장은 45분마다 물을 재순환시켜야 하므로, 빌은 이를 달성할 수 있는 펌프를 선택해야 합니다.

펌프 A는 시간당 6,000L, 펌프 B는 시간당 6,500L, 펌프 C는 시간당 6,750L의 속도로 작동합니다.

빌은 최소한의 필요조건으로 어떤 펌프를 선택해야 할까요?

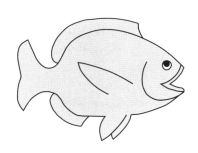

그는 이 학교를 다녔던 어떤 학생보다도 훌륭한 두뇌를 가지고 있으며, 학생들이 '잘 못하는' 라틴어와 프랑스어 그리고 영어 같은 과목도 잘할 만큼 기량이 충분하다.

_앨런 튜링의 학교 성적표, 1928년 봄 학기

물음표 자리에 들어갈 숫자들은 무엇일까요?

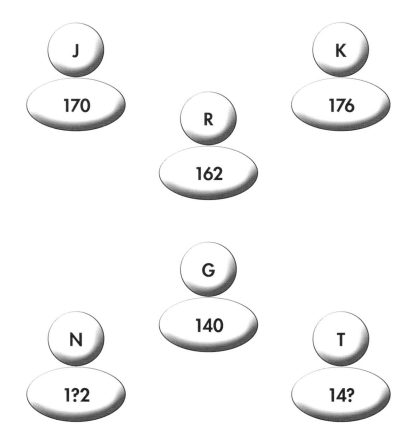

물음표 자리에 들어갈 숫자와 문자들은 무엇일까요?

5	21	10	?	15	16	23	12
F	N	V	?	L	O	Q	K
18	13	25	?	5	9	1	15
R	T	Z	?	B	N	V	I
26	23	19	?	22	4	13	20
H	W	G	?	N	B	D	E
20	11	15	?	8	13	21	7
M	T	F	?	G	S	N	L

 **46** 물음표 자리에 들어갈 숫자는 무엇일까요?

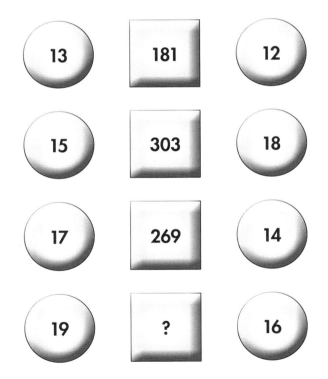

각 도형의 면적을 구한 후, 다음 식에 적용하면
답은 몇 mm²일까요?

$$(A - B) + C$$

A

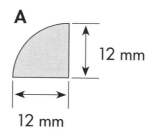

12 mm

12 mm

B

7 mm

7 mm

C

9 mm

9 mm

55

48 물음표 자리에 들어갈 숫자는 무엇일까요?

3	21	15	11	9
27	6	23	3	16
14	31	33	18	19
6	17	26	9	22
29	4	11	28	3
14	12	24	10	7
5	13	8	31	?

물음표 자리에 들어갈 숫자는 무엇일까요?

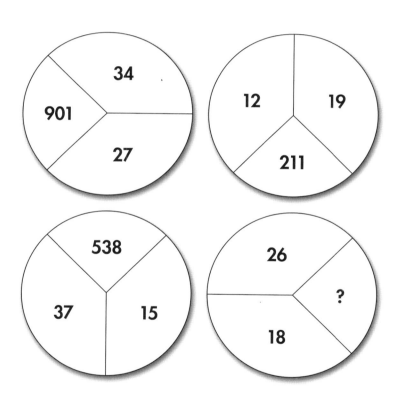

2단계

시계 A와 시계 B는 불량입니다. 두 시계 모두 오늘 정오(12시 정각)에 맞춰져 있었습니다. 정상적으로 작동하는 가장 큰 시계는 평소처럼 정확한 시간을 가리키고 있습니다.

시계 A의 시침과 분침은 반시계 방향으로 정상 시간의 2배 속도로 움직입니다. 시계 B의 시침과 분침은 정상 시간의 3분의 1 속도로 시계 방향으로 움직입니다. 지금은 저녁 9시 30분이고, 따라서 정오 이후로 9시간 반이 지났습니다.

고장 난 두 시계가 현재 가리키고 있는 시간이 나타나도록, 시침과 분침을 그려 넣으세요.

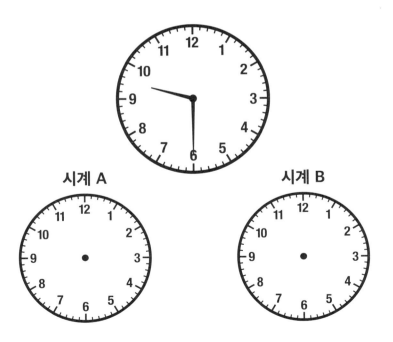

시계 A

시계 B

아래 동그라미 중에서
흰색이 차지하는 부분은 몇 %일까요?

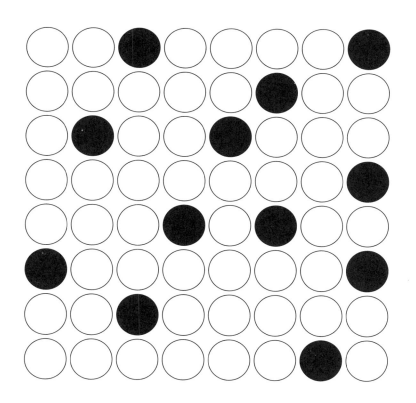

물음표 자리에 들어갈 문자는 무엇일까요?

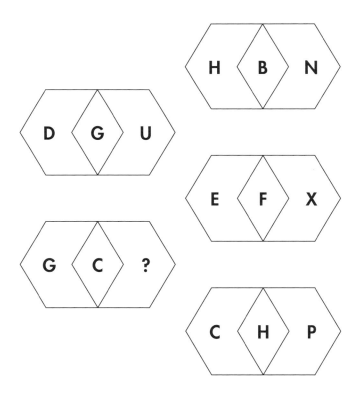

길이 4.1m, 높이 0.3m, 앞면에서 뒷면까지의 깊이가
0.14m의 치수를 가진 간판은 강철과 퍼스펙스(유리
대신에 쓰는 강력한 투명 아크릴 수지)로 제작되었습니다.
강철은 뒷면과 윗면과 밑면 그리고 양 끝을 이루고 있으며
퍼스펙스는 앞면 패널을 이루고 있습니다.

강철은 m²당 4.6kg의 무게가 나가고, 퍼스펙스는 m²당
5.3kg의 무게가 나갑니다.

간판의 총 무게는 몇 kg일까요?

튜링의 논문인 〈컴퓨터 기계와 지능Computing machinery and
intelligence〉에 현재 튜링 테스트로 알려진 개념이 처음
등장했는데, 튜링 테스트는 인간과 동등하거나 인간과
구별하기 어려운 지능적 행동을 보여주는 기계의 능력을
측정하는 테스트다.

4개의 벽돌이 회전판에 놓여 있습니다. 다른 각도에서는 2차원적으로 보이기 때문에, 3개 벽돌의 전면이 보이며 그 때문에 4번째 벽돌은 가려져 있습니다.
아래의 다이어그램 중에서, 회전시켜 얻을 수 있는 것으로 올바른 것은 무엇일까요?

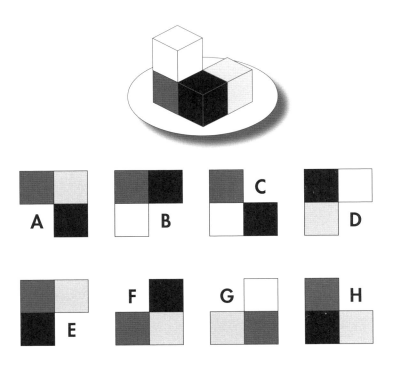

물음표 자리에 들어갈 숫자들은 무엇일까요?

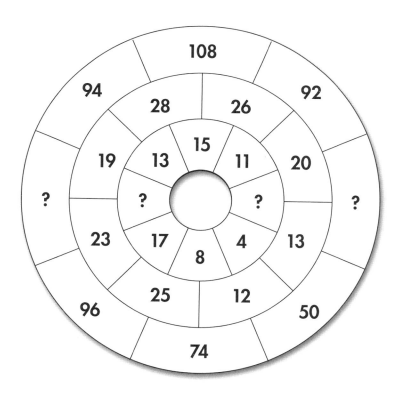

56 다음의 A, B, C, D 중에서
물음표 자리에 들어갈 것은 무엇일까요?

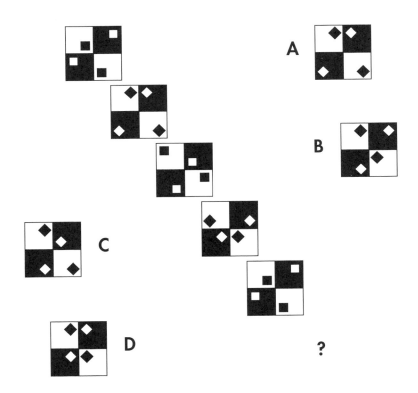

물음표 자리에 들어갈 숫자들은 무엇일까요?

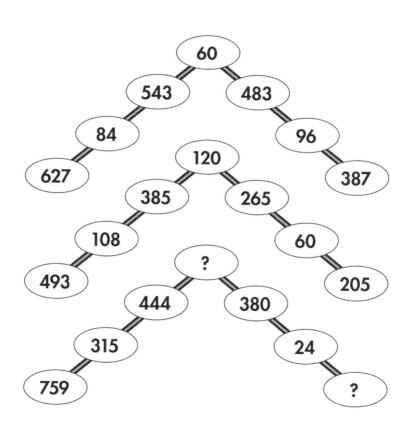

 물음표 자리에 들어갈 숫자는 무엇일까요?

12

36

324

2916

52488

?

물음표 자리에 들어갈 숫자들은 무엇일까요?

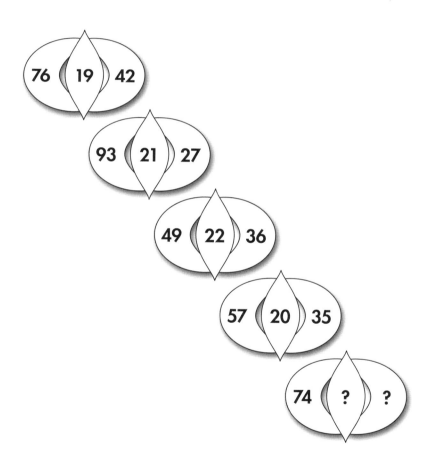

76 (19) 42

93 (21) 27

49 (22) 36

57 (20) 35

74 (?) ?

 물음표 자리에 들어갈 숫자는 무엇일까요?

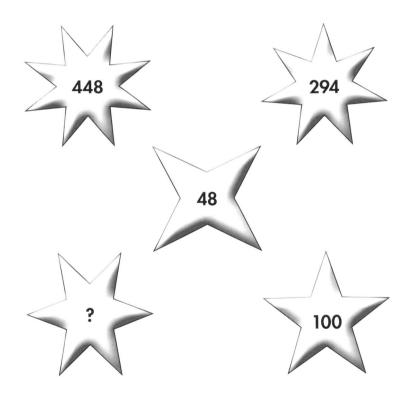

448

294

48

?

100

물음표 자리에 들어갈 문자는 무엇일까요?

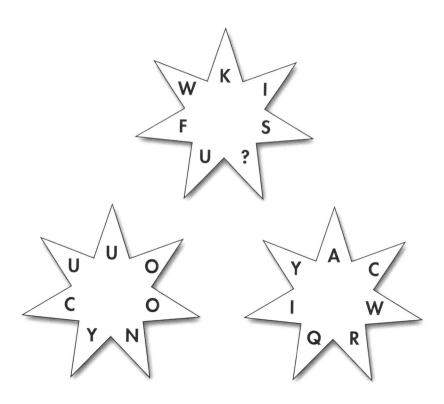

62

다음의 A, B, C, D, E 중에서
물음표 자리에 들어갈 것은 무엇일까요?

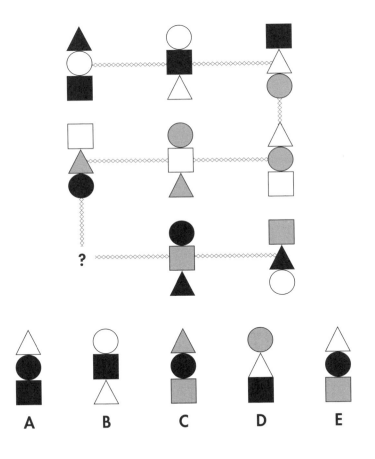

피터는 처음으로 자신의 차를 사려고 합니다.
그의 아버지는 그에게 자동차 총 구매 금액의 40%와
세금 100%를 지불해주겠다고 했습니다.

자동차는 14,000달러이며 판매가의 18%가 세금으로
붙습니다.

세금을 더한 자동차의 가격은 총 얼마이며, 피터의
아버지는 그에게 얼마를 주어야 할까요?

제2차 세계대전 동안 튜링은 정부의 암호 해독 본부였던
블레츨리 파크에서 독일군이 사용한
에니그마 암호를 해독하는 책임자였다.

64 아래의 강철봉들은 지정된 치수가 정확하지만
비율에 맞게 그려지지 않았습니다.
어떤 강철봉이 가장 무거울까요?

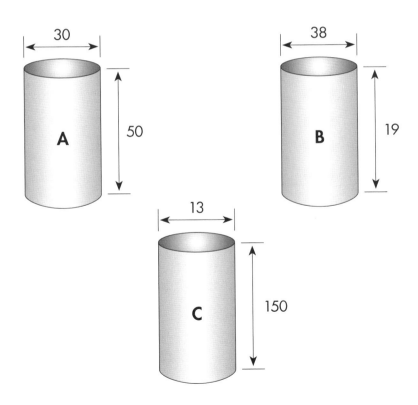

격자판의 모든 칸에 불이 켜질 때까지, 2개의 전구가 서로 비추지 않는 방식으로 빈칸에 원(전구를 나타냄)을 놓습니다. 전구는 빛이 검은 칸에 의해 가려지지 않는 한, 전구가 있는 전체 행과 열에 수평과 수직으로 빛을 환히 보냅니다.

일부 검은 칸은 바로 위나 아래 또는 오른쪽이나 왼쪽에 얼마나 많은 전구가 있는지 나타내는 숫자를 포함합니다. 숫자가 적힌 칸 대각선상에 있는 전구는 전구 개수에 들어가지 않습니다. 숫자가 적히지 않은 검은 칸은 그 근처에 수많은 전구가 있거나 없을 수 있으며, 모든 전구가 반드시 검은 칸을 통해 암시되는 것은 아닙니다.

66 물음표 자리에 들어갈 문자는 무엇일까요?

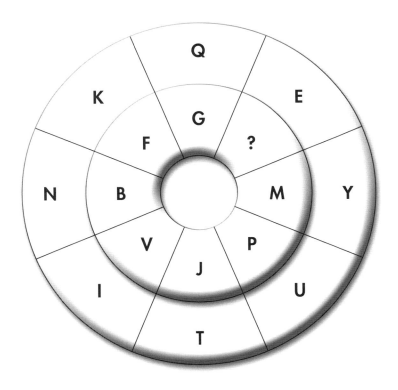

숫자 1~8 중 1개로 빈 원을 채우세요.
모든 가로줄, 세로줄, 연결된 원 8개 그리고
대각선으로 놓인 원 8개에는 서로 다른 8개의
숫자가 들어가야 합니다.

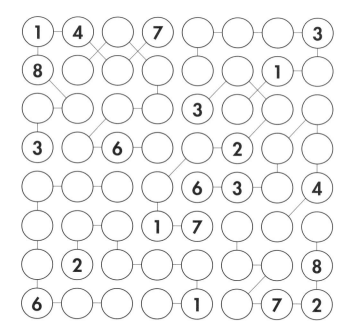

68 아래의 전개도를 접어서 정육면체를 만들 때,
다음의 A, B, C, D, E 중 1개는 만들 수 없습니다.
어느 것일까요?

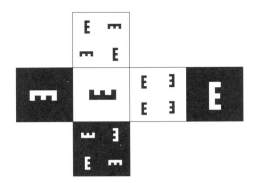

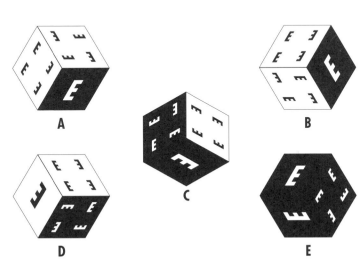

물음표 자리에 들어갈 숫자는 무엇일까요?

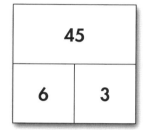

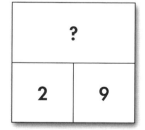

70 물음표 자리에 들어갈 문자는 무엇일까요?

B	D	F	C
H	I	G	K
F	I	I	J
J	N	L	Q
L	S	Q	?

물음표 자리에 들어갈 숫자는 무엇일까요?

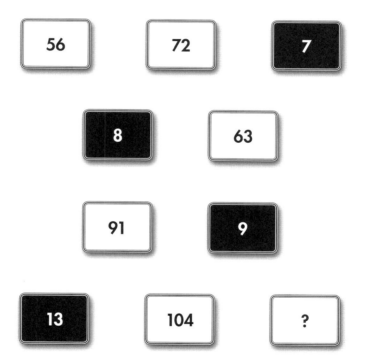

물음표 자리에 들어갈 숫자는 무엇일까요?

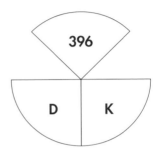

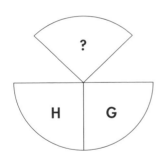

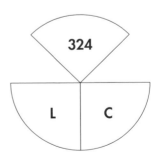

사이먼은 오늘 생선 2kg과 감자 3kg을 샀습니다.

세라는 오늘 생선 1kg과 감자 1kg을 총 4달러 20센트를 주고 샀습니다.

생선 1kg이 감자 1kg보다 2달러 30센트가 더 든다는 점을 고려할 때, 사이먼이 지불한 값은 얼마일까요?

앨런 튜링은 놀랄 뛰어난 지성을
지녔을 뿐만 아니라, 인정받는 운동선수였으며
1948년 올림픽 출전 자격을 주는 마라톤 대회에서
5위를 했습니다.

물음표 자리에 들어갈 문자와 숫자는 무엇일까요?

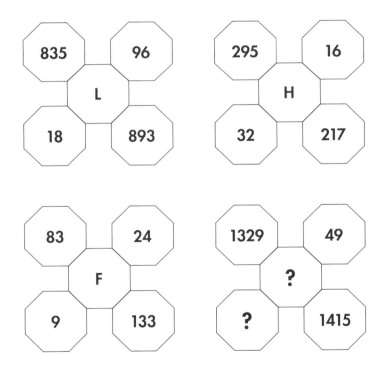

물음표 자리에 들어갈 숫자는 무엇일까요?

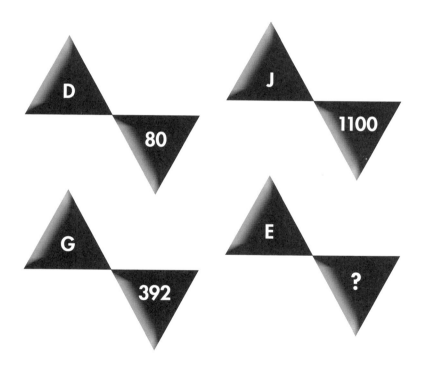

2단계

76

격자판 A, B, C, D, E, F, G로 이어지는 패턴을
유지하려면 H에서는 어느 숫자가 적힌 정사각형을
검정으로 해야 할까요?

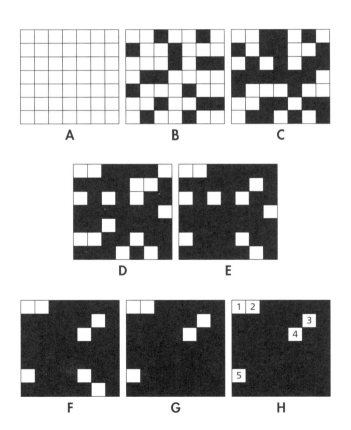

84

물음표 자리에 들어갈 문자는 무엇일까요?

2단계

78 다음의 A, B, C, D 중에서
물음표 자리에 들어갈 것은 무엇일까요?

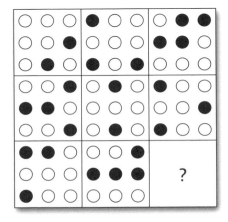

A	B	C	D
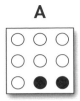	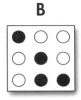		

물음표 자리에 들어갈 숫자는 무엇일까요?

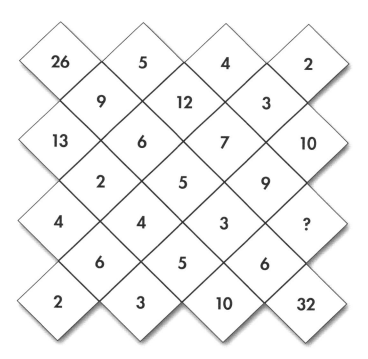

다음의 A, B, C, D, E 중에서
물음표 자리에 들어갈 것은 무엇일까요?

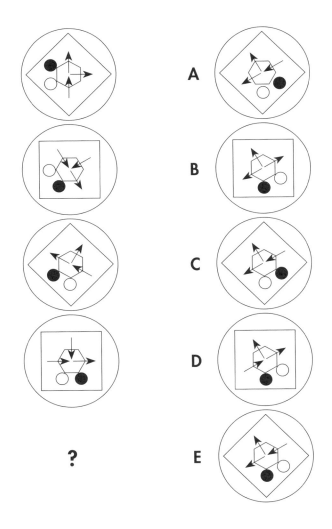

다음 1~4 중 어느 것이 D에 들어갈까요?

A		★		★		▲		■
B	▲	▲		■			★	
C		■		■		★		▲
D								
E				▲	▲	■		★
F	■	■		★			▲	
G					★	★	▲	■
H		▲			▲		■	★

1 | ■ | | | ■ | | | ★ | ▲ |

2 | ★ | | | ▲ | | ■ | | ★ |

3 | | ▲ | | ▲ | | | ■ | ★ |

4 | ★ | | | | ★ | ▲ | ■ | |

다음 A, B, C, D, E 중에서
물음표 자리에 들어갈 것은 무엇일까요?

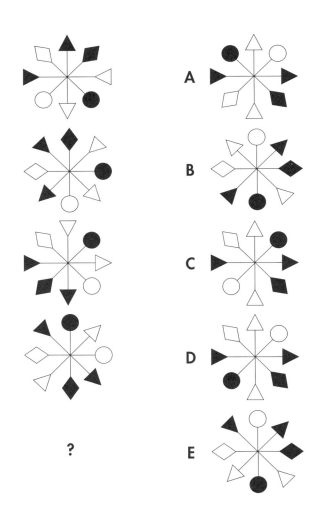

?

메리는 집에서 목적지까지 차로 이동해야 합니다.

시속 90km의 속도로 운전한다면, 그녀는 5분 일찍 도착한다는 것을 알고 있습니다.

시속 75km의 일정한 속도로 운전한다면, 6분 늦게 도착한다는 것도 알고 있습니다.

메리의 집에서 목적지까지 얼마나 떨어져 있을까요?

언젠가 아가씨들이 각자의 컴퓨터를 들고 공원을 산책하면서 "내 귀여운 컴퓨터가 오늘 아침에 정말 재밌는 말을 했어"라며 말할 것이다.

2단계

물음표 자리에 들어갈 숫자는 무엇일까요?

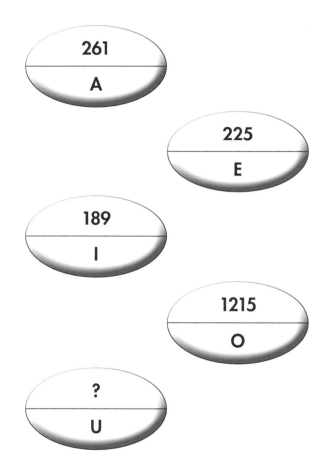

261
A

225
E

189
I

1215
O

?
U

물음표 자리에 들어갈 숫자는 무엇일까요?

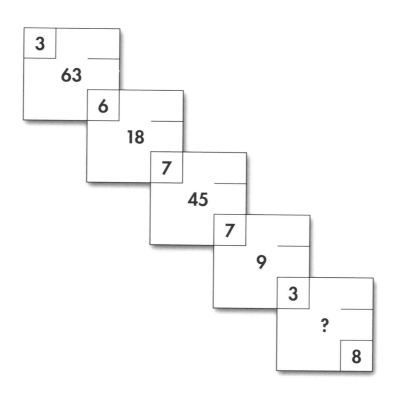

 물음표 자리에 들어갈 한 자리 숫자들은 무엇일까요?

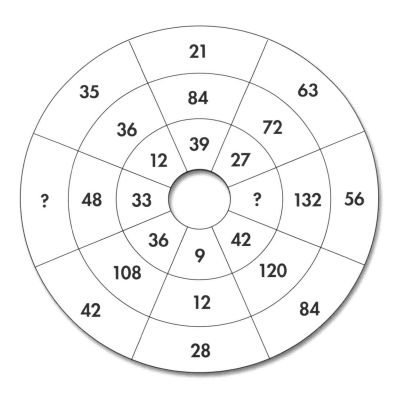

물음표 자리에 들어갈 숫자는 무엇일까요?

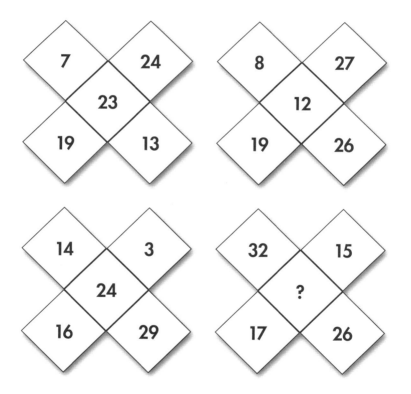

물음표 자리에 들어갈 숫자는 무엇일까요?

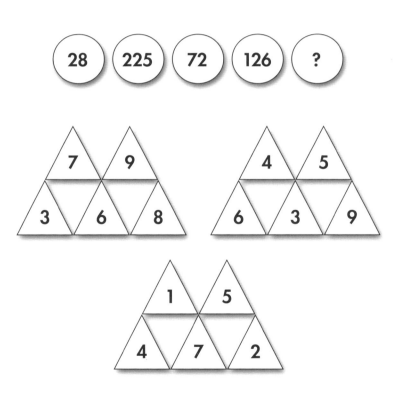

물음표 자리에 들어갈 문자는 무엇일까요?

		6	N	8		
	11	4	S	13	1	
8	3	1	O	15	3	1
	13	3	?	6	5	
		8	P	8		

90 물음표 자리에 들어갈 문자는 무엇일까요?

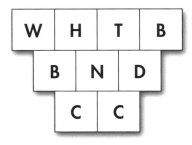

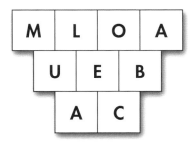

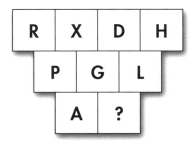

물음표 자리에 들어갈 숫자는 무엇일까요?

256164096

324185832

169132197

225153375

196142744

28917491?

92 물음표 자리에 들어갈 숫자는 무엇일까요?

2	4	10	13	7
6	22	19	20	1
3	13	?	20	9
2	17	5	4	6
4	13	17	18	8

아래 시계는 태엽 감을 필요가 없는 전기 시계입니다.

5월 첫째 날, 시계는 아침 8시 30분으로 정확하게 설정되었습니다. 하지만 24시간마다 10분씩 빨라졌고, 사람들은 매일 아침 8시 30분에 봤지만 아무도 그것을 바로잡지 않았습니다.

어느 날 아침 8시 30분이 되자, 시계는 다음의 시간을 나타냈습니다.

위의 시간을 나타낸 가장 이른 날짜는 며칠이었을까요?

2014년 아카데미상 수상작인 영화
〈이미테이션 게임〉은 앨런 튜링이 블레츨리 파크에서
했던 일을 바탕으로 만들어졌다.

 물음표 자리에 들어갈 숫자들은 무엇일까요?

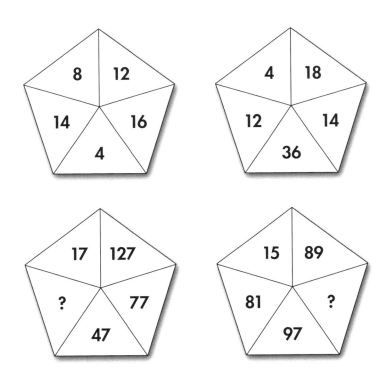

물음표 자리에 들어갈 숫자는 무엇일까요?

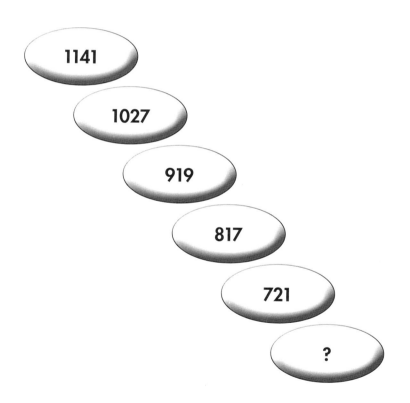

1141

1027

919

817

721

?

물음표 자리에 들어갈 숫자들은 무엇일까요?

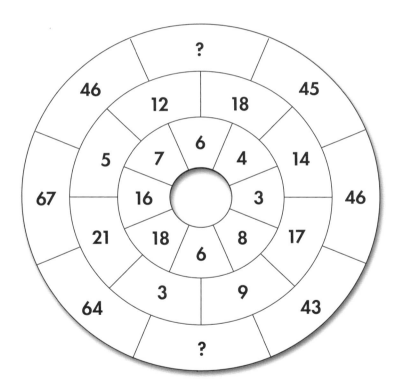

각 행과 열에 1에서 6까지의 숫자를 1칸에 1개씩 오도록
배치하세요. 각각의 숫자는 그만큼의 층수를 가진 고층
건물을 나타냅니다.

격자무늬 밖에 쓰여진 숫자가 해당 숫자의 행 또는
열에서 봤을 때, 해당 지점에서 볼 수 있는 건물의 수를
나타내도록 고층 건물을 배열하세요.

층수가 낮은 건물은 더 높은 건물을 숨길 수 없지만,
층수가 높은 건물은 항상 그 뒤에 더 낮은 건물을 숨기고
있습니다.

	3		5			2	
							4
3							
4							3
1							5
2							2
			3	1	2		

물음표 자리에 들어갈 숫자들은 무엇일까요?

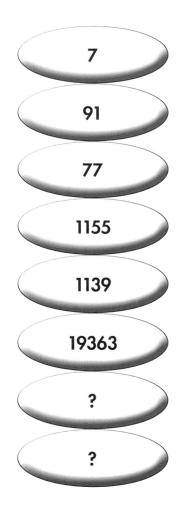

7

91

77

1155

1139

19363

?

?

물음표 자리에 들어갈 숫자는 무엇일까요?

5	46	87	2
3	210	160	7
1	370	360	9
2	17	55	4
6	137	?	3

물음표 자리에 들어갈 숫자들은 무엇일까요?

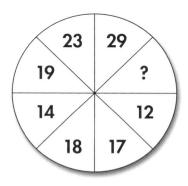

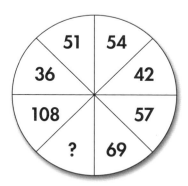

물음표 자리에 들어갈 숫자는 무엇일까요?

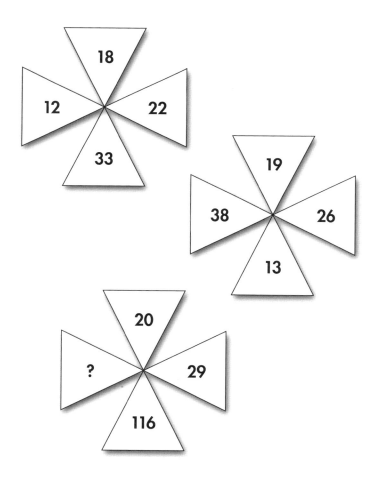

102 물음표 자리에 들어갈 숫자는 무엇일까요?

36	17	153
16	22	88
21	24	126
18	32	144
12	13	39
8	34	68
26	20	130
15	44	?

물음표 자리에 들어갈 숫자는 무엇일까요?

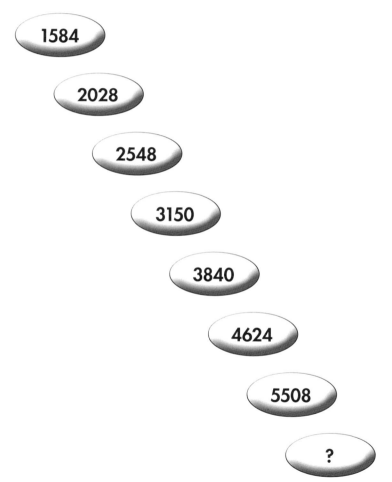

1584

2028

2548

3150

3840

4624

5508

?

104 물음표 자리에 들어갈 문자는 무엇일까요?

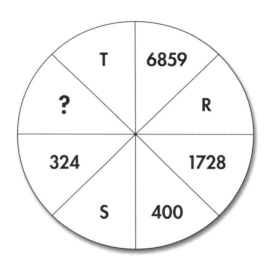

물음표 자리에 들어갈 숫자는 무엇일까요?

= 4

= ?

= 17

= 3

= 4

106 물음표 자리에 들어갈 숫자는 무엇일까요?

7 / 8	9 5 13	6 / 6
5		4
3		?
13		9
2 / 4	11 7 5	8 / 9

물음표 자리에 들어갈 문자는 무엇일까요?

C	G	K
O	S	W
A	E	I

E	I	M
Q	U	Y
C	G	K

F	J	N
R	V	Z
D	H	L

D	H	L
P	T	X
B	F	?

108 물음표 자리에 들어갈 숫자는 무엇일까요?

80		8	2	15
120		12		4
24		4		6
60		?		20
30	16	96		4

물음표 자리에 들어갈 숫자는 무엇일까요?

7	2	9	3
2	4	7	6
2	3	4	8
6	5	8	7
?	5	6	9

110 물음표 자리에 들어갈 숫자는 무엇일까요?

GK	IF
49	20

EH	MF
0	56

BK	PC
4	32

SD	KE
42	?

물음표 자리에 들어갈 숫자는 무엇일까요?

B	C	A
K	M	E
L	N	J
P	R	O
U	W	T
X	Z	V
=	=	=
22	19	?

112 물음표 자리에 들어갈 숫자는 무엇일까요?

$10 + 9 = 52$
$8 + 7 = 36$
$6 + 5 = 24$
$4 + 3 = 12$
$2 + 1 = ?$

물음표 자리에 들어갈 숫자는 무엇일까요?

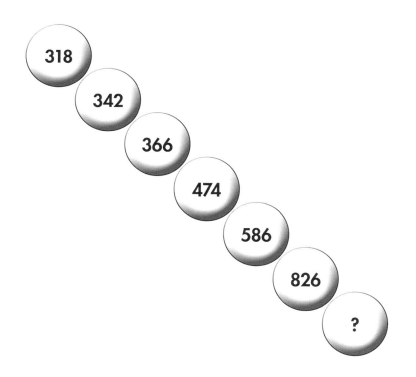

 **114** 물음표 자리에 들어갈 숫자들은 무엇일까요?

12	36	?
10	22	38
9	15	23
8.5	11.5	15.5
8.25	9.75	?

물음표 자리에 들어갈 숫자들은 무엇일까요?

1	1	1	5	1	6	5
1	3	1	4	1	8	2
1	5	1	3	1	9	5
?	?	?	?	?	?	?
1	9	1	1	2	0	9
2	1	1	0	2	1	0

116 다음의 저울 A, B, C가 완벽하게 균형을 이룬다면,
저울 D의 균형을 맞추기 위해 다이아몬드
몇 개가 필요할까요?

다음 A, B, C, D 중에서
물음표 자리에 들어갈 것은 무엇일까요?

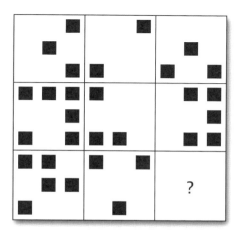

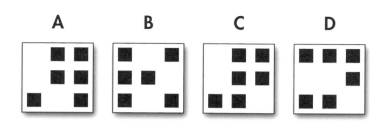

A   B   C   D

118 물음표 자리에 들어갈 숫자는 무엇일까요?

T	7993

C	3

N	2731

H	493

Q	4903

E	103

P	4085

S	?

물음표 자리에 들어갈 숫자는 무엇일까요?

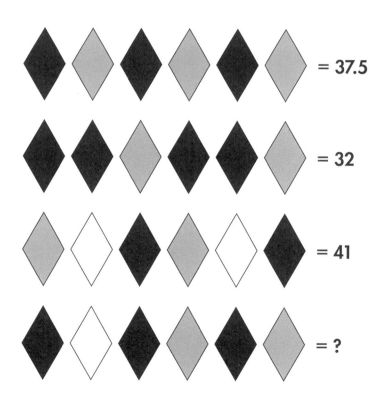

120 물음표 자리에 들어갈 숫자들은 무엇일까요?

66	43	34	39	33			
78	55	57	48	28	22		
76	67	69	46	37	42	36	
85	90	81	58	60	51	31	25
105	99	79	70	72	49	40	45
	94	88	93	84	61	63	54
	108	102	82	73	75	52
		?	91	?	87	?

물음표 자리에 들어갈 숫자는 무엇일까요?

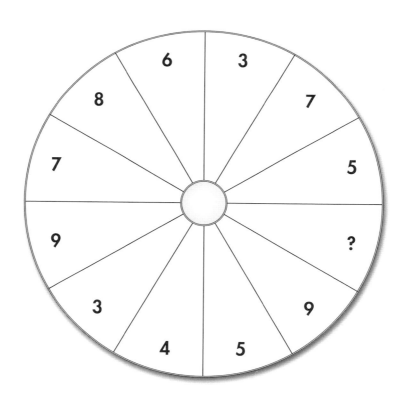

 물음표 자리에 들어갈 숫자는 무엇일까요?

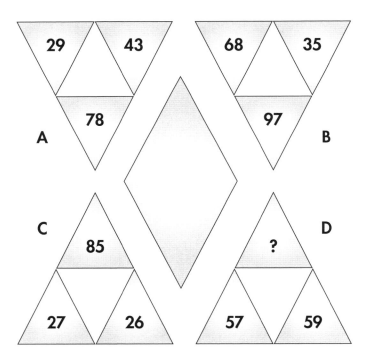

물음표 자리에 들어갈 숫자는 무엇일까요?

	13	
1	6	9
	91	

	16	
1	7	5
	63	

	15	
1	9	7
	62	

	14	
1	8	8
	?	

124 물음표 자리에 들어갈 숫자들은 무엇일까요?

5	7	3	1
6	8	5	4
7	6	4	1
8	8	7	6
9	7	?	?

물음표 자리에 들어갈 숫자는 무엇일까요?

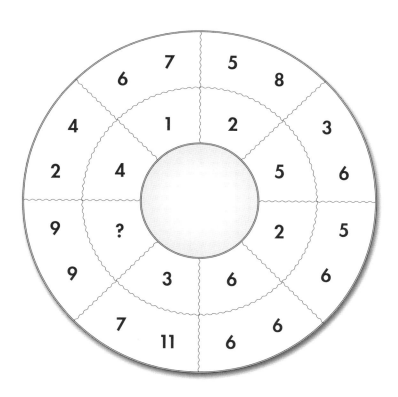

133

126 물음표 자리에 들어갈 숫자는 무엇일까요?

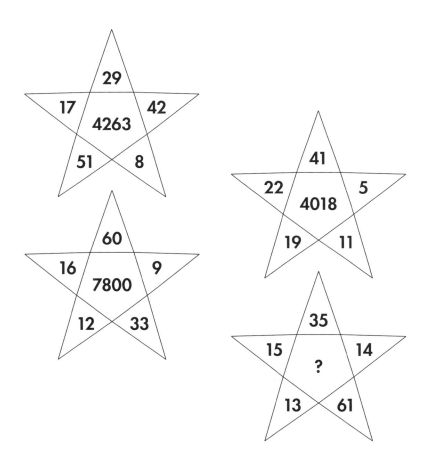

물음표 자리에 들어갈 숫자들은 무엇일까요?

?	46
32	22

41	?
21	10

J	S
U	G

M	Z
F	D

Q	E
N	R

K	T
L	C

128 물음표 자리에 들어갈 문자들은 무엇일까요?

I	F	J	H	C	?
F	D	H	G	B	A
A	C	F	E	B	D
X	F	P	T	?	R
C	F	U	?	L	R
P	H	T	?	L	D

물음표 자리에 들어갈 문자들은 무엇일까요?

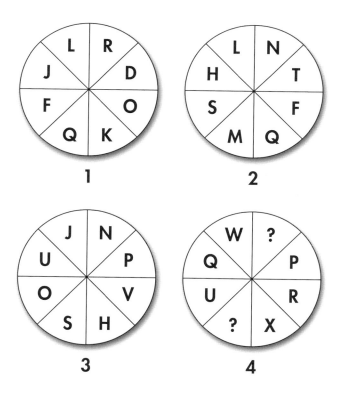

3단계

130 아래 빈칸들을 숫자로 채워 보세요.
어떤 숫자는 1번 이상 쓰일 수도 있습니다.
각 행의 숫자들을 곱하면 오른쪽 합계가 나오며,
2개의 긴 대각선에 있는 숫자들도 마찬가지입니다.
모든 열에 있는 숫자들을 곱하면 아래의 합계가 나옵니다.

				104.04
	2.10		9.00	23.625
	3.00	0.50	7.10	23.96
4.00	6.80	0.90		4.90
			6.00	6.12
7.65	25.70	1.125	76.68	4.05

물음표 자리에 들어갈 숫자는 무엇일까요?

131

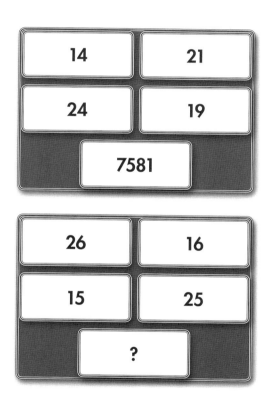

3단계

132 1에서 26까지의 정수(분수가 아니고)가 알파벳의 다른 문자로 대체되었습니다. 여러분은 아래의 연산을 통해 암호를 해독할 수 있습니다. 문자 V는 아래 단서에 나타나지 않지만, V의 값은 각 알파벳의 숫자를 알게 되면 자연스레 알 수 있습니다.

답안지 각 문자 아래에 알맞은 숫자를 써넣으세요.

1. $A \times B = C$
2. $D + E = F$
3. $G \times A = H$
4. $H + I = E$
5. $A \times J = K$
6. $L \times M = N$
7. $M \times O = P$
8. $Q \times A = R$

9. $Q + N = P$
10. $S + Q = U$
11. $T + E = U$
12. $A \times N = W$
13. $X = O + Q$
14. $X \times A = Y$
15. $T + J = Z$

A	B	C	D	E	F	G	H

I	J	K	L	M	N	O	P	Q

R	S	T	U	V	W	X	Y	Z

물음표 자리에 들어갈 숫자들은 무엇일까요?

원1: 7 6 6 9 9 3 5 4

원2: 8 8 3 6 2 7 9 5

원3: 20 45 21 18 ? 18 48 56

원4: 9 14 10 11 15 9 14 ?

134 아래에 보이는 것과 비슷한 톱니바퀴 4개는 톱니 수가 모두 다르고, 각각 다른 속도로 회전합니다.

각 톱니바퀴의 검은 톱니는 회전을 시작하기 전과 회전을 멈출 때 둘 다 꼭대기에 있었습니다. 검은 톱니는 시계 방향으로 한 톱니만큼 움직이기 때문에 20개의 톱니가 있는 아래의 톱니바퀴의 경우 시작 위치에 도달하는 데 20번의 움직임이 필요합니다.

톱니바퀴 A는 톱니 110개를 가지고 있으며 2.0초마다 한 톱니씩 움직이는 속도로 5바퀴 돌았습니다.
톱니바퀴 B는 톱니 120개를 가지고 있으며 1.5초마다 한 톱니씩 움직이는 속도로 6바퀴 돌았습니다.
톱니바퀴 C는 톱니 115개를 가지고 있으며 2.5초마다 한 톱니씩 움직이는 속도로 7바퀴 돌았습니다.
톱니바퀴 D는 톱니 105개를 가지고 있으며 1.25초마다 한 톱니씩 움직이는 속도로 8바퀴 돌았습니다.

톱니바퀴 4개가 동시에 돌기 시작했습니다.
어느 톱니바퀴의 회전이 가장 먼저 끝났을까요?

아래 연산을 참고로, 각 기호의 숫자를 구해보세요.
10개의 기호에 각각 0에서 9까지 서로 다른 숫자 하나씩
부여합니다. 숫자는 기호가 나타나는 위치에 상관없이
동일하게 유지됩니다.

기호 2개는 이미 숫자 '3' 그리고 '0'으로 대체되었으므로,
이 기호를 모두 '3'과 '0'으로 바꾸는 것부터 시작하세요.

◆	=	3	■	=	0
♠	=		♣	=	
▲	=		✿	=	
▼	=		★	=	
♥	=		●	=	

$$✿● − ◆ = ♥$$

$$▼ × ● = ✿♣$$

$$♣ × ✿● = ♣♠$$

$$♣ + ✿● = ✿★$$

$$✿★ × ◆ = ♣♠$$

$$▲ × ✿● = ★■$$

물음표 자리에 들어갈 숫자는 무엇일까요?

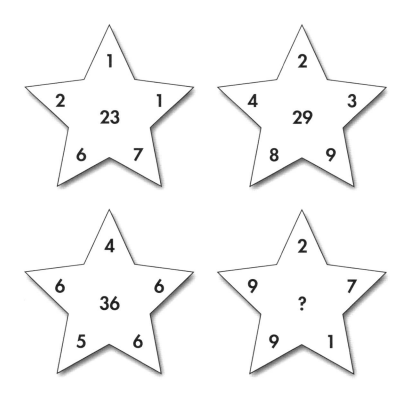

1

9

각 수에는 2개의 숫자 집합이 있습니다.
같은 숫자의 세제곱수와 제곱수가 차례로
있죠. 위에서부터 이것들은 3, 4, 5, 6, 7의
세제곱수와 제곱수입니다(73=343 and
72=49).

2

가운데=196, 왼쪽 아래=7

위쪽 숫자를 오른쪽 아래 숫자로 나누어
가운데 숫자를 구하고, 가운데 숫자를
오른쪽 아래 숫자로 나누어 왼쪽 아래
숫자를 구합니다.

3

오전 11시

시계는 오늘 아침 1시에 맞춰져 있었는데,
한 시간마다 4분씩 늦어졌으므로 32분이
늦은 셈이 됩니다. 그래서 시계가 멈췄을
때는 사실상 9시였습니다. 9시는 다시
확인되기 2시간 전이므로, 시계는 11시에
확인되었습니다.

4

6,550cm²

밑면적: 30 × 40 = 1,200cm²
윗면적: 30 × 40 = 1,200cm²
옆면적: 35 × 30 = 1,050 − 15 × 25
(375) = 675cm² × 2 = 1,350cm²
뒷면적과 앞면적:
35 × 40 = 1,400 × 2 = 2,800cm²
따라서 총 표면적은
1,200 + 1,200 + 1,350 +
2,800 = 6,550cm²

5

B

각 세트의 위에서 아래로, 모든 모양은
1번에 1칸씩 다음과 같은 규칙에 따라
이동합니다. 흰색 원은 대각선 방향
아래로, 흰색 십자가는 위로, 흰색
사각형은 오른쪽에서 왼쪽으로, 검은색
원은 아래로, 검은색 십자가는 대각선
방향 위로, 검은색 사각형은 왼쪽에서
오른쪽으로 움직이며 행이나 열 끝에
도달하면 처음으로 돌아옵니다.

6

톱니바퀴 B=7, 톱니바퀴 C=4
움직임 : 톱니바퀴 A 톱니바퀴 B 톱니바퀴 C

	톱니바퀴 A	톱니바퀴 B	톱니바퀴 C
1번째	6	8	8
2번째	9	5	4
3번째	3	6	3
4번째	8	9	6
5번째	5	4	9
6번째	7	7	2
7번째	2	2	1
8번째	4	4	8
9번째	1	7	4

7

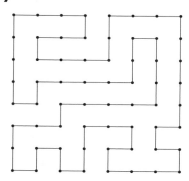

8

123

상단에서 시작하여 시계 방향으로
이동하면서 각 숫자를 해당 숫자의 합계에
더하면 다음 숫자가 나옵니다.
$120 + 3(1 + 2 + 0) = 123$.

9

외부 둘레: 86m, 내부 둘레: 74m
외부 둘레는 35개의 2m짜리 면들(70m)과
16개의 1m짜리 면들(16m)로,
총 86m가 됩니다. 내부 둘레는 28개의
2m짜리 면들(56m)과 18개의 1m짜리
면들(18m)로, 총 74m가 됩니다.

10

F

각 세트의 숫자를 위에서 아래로 읽어보면,
그 숫자들이 거꾸로(아래에서 위로)
표기되어 있는 다른 세트가 있습니다.
(A와 D, B와 H, C와 I, E와 G가 서로 짝을
이루고 있습니다.)

11

83

왼쪽 2칸의 숫자들을 곱하고 오른쪽 위의
숫자를 오른쪽 아래 수로 나눈 다음, 1번째
계산 결과에서 2번째 계산 결과를 빼면
중앙에 있는 칸의 숫자를
구할 수 있습니다.
$6 × 15 = 90$, $21 ÷ 3 = 7$, $90 - 7 = 83$.

12

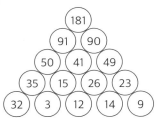

13

14개

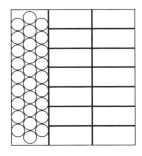

14

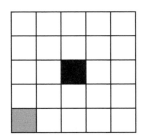

15

3059

위부터, 각 숫자는 연속적인세제곱수(1+8
=9, 27+64=91 등)를 더한 결과입니다.
따라서 1331+1728=3059입니다.

16

38

각 열의 위에서 아래로, 각각 1번째 숫자에
2번째 숫자의 절반, 3번째 숫자의 1/3
그리고 4번째 숫자의 1/4을 더하면
맨 아래 5번째의 숫자가 나옵니다.

17

★ = 26   ✚ = 15   ▲ = 5
● = 61   ■ = 17

18

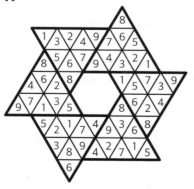

19

20

N

오른쪽과 왼쪽의 문자 값의 합계는 가운데
있는 문자의 역순 값과 같습니다.
즉, F(6) + G(7) = 13, 뒤에서 13번째에 있는
알파벳은 N입니다.

21

D

22

756

왼쪽 삼각형에 있는 숫자를 전부 곱한 다음,
그 결과 값의 절반을 오른쪽 삼각형에
쓰면 됩니다. 즉, 9 × 8 × 21 = 1512가 되고,
1512를 2로 나누면 756입니다.

23

트랙터 10대를 1명씩 운전하여
A농장을 떠납니다. B농장에 도착하여
7대의 트랙터를 두고, 3대의 트랙터에
각각 3명(운전자 1명, 승객 2명)이
타므로 9명이 다시 돌아갑니다(1명은
B농장에 남음). 그다음 3대의 트랙터가
A농장에서 B농장으로 이동하고(그럼
현재 B농장에는 10대의 트랙터와 4명이
있음), 1대에 운전자와 승객 2명을 태우고
돌아옵니다(B농장에는 9대의 트랙터와
1명이 남음). 그런 다음 트랙터 1대가
나머지 사람을 태우기 위해 B농장으로
이동하여 태우고 돌아옵니다.

24

I

왼쪽 위의 글자와 아래쪽 글자 값의 차이는
오른쪽 위의 글자와 아래쪽 글자 값의
차이의 2배입니다.

25

왼쪽 위 = 128, 가운데 = 4096,
오른쪽 아래 = 8
맨 위의 숫자는 맨 오른쪽 숫자와 오른쪽
아래 숫자를 곱한 결과이고, 맨 왼쪽
숫자는 맨 아래에 있는 두 숫자를 곱한
결과입니다. 가운데 숫자는 맨 위의 숫자와
맨 왼쪽 숫자를 곱한 결과입니다.
따라서 4 × 8 = 32, 8 × 16 = 128,
32 × 128 = 4096입니다.

26

O	X	X	X	O	O	X	X	X
X	O	X	O	X	X	O	X	X
O	X	X	X	O	X	O	O	O
O	X	O	O	O	X	O	O	X
X	O	X	X	X	O	X	O	X
O	X	X	X	O	X	X	X	X
X	X	O	X	O	X	X	O	O
O	O	X	O	X	O	O	X	X
X	X	O	O	X	O	X	X	X
X	O	O	O	X	O	X	O	O
O	X	O	X	X	X	O	O	X
X	O	X	O	O	X	O	X	X
X	X	O	X	O	X	O	X	X
O	X	X	X	O	X	O	X	O
X	X	O	O	X	O	X	O	X
O	O	X	X	O	O	O	X	O
X	X	O	O	O	X	X	X	O

27

B
검은색과 흰색 사각형은 모두 중앙에서
모서리로 이동했다가 다시 중앙으로
이동합니다. 다만 그들이 모서리로 이동할 때,
그 전에 차지하고 있던 모서리에서
시계방향으로 그다음 모서리로 이동합니다.

28

414
각 원의 왼쪽 사분면에 있는 숫자들을 곱한
다음 5를 더해 오른쪽 사분면 위쪽에 있는
숫자를 구합니다. 그 3개의 숫자를 곱해
오른쪽 아래에 있는 숫자를 구하면 됩니다.

29

8.4
각 세트에 있는 두 문자 숫자 값의 총합을
구해서 3을 곱한 다음 10으로 나누어
각 집합의 숫자를 구합니다. 예를 들어,
S = 19이고 L = 12이므로 19 + 12 = 31,
31 × 3 = 93, 93을 10으로 나누면 9.3이
나옵니다.

30

5	1	2	3	4	6	7
4	3	6	7	2	1	5
7	6	1	4	5	2	3
2	7	3	6	1	5	4
1	5	4	2	7	3	6
6	2	7	5	3	4	1
3	4	5	1	6	7	2

31

264
3개의 원 안에 있는 숫자들을 곱한 다음, 그
결과를 3으로 나누면 삼각형 안의 숫자를
얻을 수 있습니다.

32

하얀색 원 = J, 검은색 원 = Q
맨 위에서 시작하여 가운데를 향해 시계

방향으로 흰 원을 따라 나선을 그리며, 흰 원 글자 사이마다 알파벳 두 글자씩 건너뜁니다. 가운데에서 반시계 방향으로 다시 바깥쪽으로 검은 원을 따라 나선을 그리면서, 검은 원 사이마다 알파벳 두 글자씩 건너뛰며 표시합니다.

33

16

정답은 각 이름에서 직선으로만 이뤄진 글자들의 총 직선 개수입니다.

34

14

2개의 외부 삼각형에 있는 숫자를 곱하면 2개의 중앙 삼각형에 있는 숫자의 합과 같습니다.

35

E

맨 윗 줄 각 숫자에 2를 더하고, 가운데 줄의 각 숫자에 3을 더하고, 아래 줄의 각 숫자에 4를 더한 후, 전체 정사각형을 시계 방향으로 4분의 1을 돌리면 다음 사각형의 숫자 배열이 됩니다.

36

1	6	3	4	5	2
2	5	4	6	1	3
4	3	6	5	2	1
5	1	2	3	6	4
6	4	1	2	3	5
3	2	5	1	4	6

37

823

각 도형 맨 아래에 있는 두 숫자를 곱하세요. 그 결과는 위에 있는 두 숫자의 합보다 4가 큽니다. 즉, $131 \times 13 = 1703 - 4 = 1699 = 823 + 876$.

38

왼쪽에서 2번째 열의 맨 아래 칸 = 8, 4번째 열의 맨 아래 칸 = 39
2번째 열의 숫자는 왼쪽과 오른쪽에 있는 두 숫자의 차이이고, 4번째 열의 숫자는 1번째 열과 2번째 열에 있는 두 숫자의 차이입니다.

39

하트 4개가 필요함
5개의 스페이드는 2개의 다이아몬드와 1개의 하트(저울 A)를 합한 무게입니다. 그러므로 저울 B에 있는 5개의 스페이드를 2개의 다이아몬드와 1개의 하트로 대체합니다. 이렇게 하면 2개의 하트가 4개의 다이아몬드와 같은 무게라는 것을 알 수 있습니다. 저울 A에 있는 하트를 2개의 다이아몬드로 대체하면, 4개의 다이아몬드가 5개의 스페이드와 같은 무게라는 것을 알 수 있습니다. 저울 C에는 4개의 다이아몬드와 5개의 스페이드가 있으므로, 5개의 스페이드는 4개의 다이아몬드로 대체합니다. 그러면 저울 C에는 8개의 다이아몬드가 있는 셈입니다. 4개의 다이아몬드는 2개의 하트와 같은 무게가 나가기 때문에, 저울 C의 균형을 맞추기 위해서는 4개의 하트가 필요합니다.

40

2052

정사각형 안의 숫자는 원에 있는 숫자의 처음 두 자리 수의 제곱에, 원에 있는 숫자의 마지막 두 자리 수의 세제곱 수를 더한 것입니다. 즉, $18^2 = 324$, $12^3 = 1728$, $324 + 1728 = 2052$가 됩니다.

41

10

각 세트에서 위에 있는 2개의 육각형에 있는 숫자들을 곱하고, 가운데 2개의 육각형에 있는 숫자들을 곱한 다음, 1번째 결과에서 2번째 결과를 빼서 나온 숫자가 맨 아래 2개의 육각형에 있는 숫자들을 곱한 수와 같습니다. 즉, $6 \times 8 = 48$, $2 \times 9 = 18$, $48 - 18 = 30$입니다. 따라서 30이란 숫자가 나오려면 아래 육각형에 주어진 3에 10을 곱해야 합니다.

42

A

43

펌프 C

시간당 6,750L는 분당 112.5L를 순환시키므로, 45분 동안 5,062.5L를 순환시킬 수 있습니다.

44

N 아래의 물음표에는 8, T 아래의 물음표에는 0

각 알파벳의 값은 해당 알파벳의 숫자 값에 그것의 역순 숫자 값을 곱하여 나온, 세 자리 숫자입니다. 예를 들어 J의 숫자 값

10과 J의 역순 숫자 값 17을 곱하면 170이 됩니다.

따라서 $N = 14 \times 13 = 182$, $T = 20 \times 7 = 140$.

45

위부터: 13, D, 7, L, 25, A, 14, P

각 행에 있는 문자들의 역순 값은 모두 그 위에 있는 행 어딘가에 있습니다. 위부터 아래로, 이들은 각각 13(N), D(23), 7(T), L(15), 25(B), A(26), 14(M), P(11)이 됩니다.

46

339

각 행에서, 두 원의 숫자를 곱한 다음 원 안의 숫자 둘을 더해 두 결과를 더하면 정사각형 안의 숫자를 얻을 수 있습니다. $19 \times 16 = 304$, $19 + 16 = 35$, $304 + 35 = 339$.

47

115mm^2

A: $\pi \times$ 반지름^2(3.142 × 144) = 452.448을 4(원의 4분의 1이므로)로 나누면 113.112가 됩니다.

B: $\pi \times$ 반지름^2(3.142 × 49) ÷ 4 = 38.49가 됩니다. 따라서 A - B = 74.622이고 C = 9 × 9 = 81 ÷ 2 = 40.5가 되므로, (A - B) + C는 74.622 + 40.5 = 115.122가 됩니다.

48

12

각 세로줄 중앙 세 칸에 있는 숫자들의 합은 나머지 네 칸에 있는 숫자들의 합과

같습니다. 따라서 19 + 22 + 3 = 44이며
9 + 16 + 7 + 12 = 44이므로 물음표에
들어갈 숫자는 12입니다.

49

451
각 원에서 2개의 큰 부분의 숫자들을 곱한
다음 17을 빼면 작은 부분에 속한 숫자가
나옵니다. 따라서 26 × 18 = 468, 여기에서
17을 빼면 451이 됩니다.

50

시계 A 5:00   시계 B 3:10

시계 A는 매시간 2시간씩 뒤로 움직이고,
시계 B는 매시간 20분씩 앞으로 움직입니다.
12시부터 9시 30분이 지났으므로, 시계
A는 19시간 뒤로, 시계 B는 3시간 10분
앞으로 움직였을 것입니다.

51

81.25%
하얀색 원 52개를 전체 원 64개로 나누면
0.8125이 나옵니다. 0.8125에 100을
곱하면 81.25이며, 따라서 81.25%가
됩니다.

52

R
왼쪽에 있는 알파벳 값에 중심 글자의 값을
곱한 다음 중심 글자의 값을 빼면 오른쪽에

있는 글자의 값이 나옵니다.
7(G) × 3(C) = 21– 3 =18, R의 알파벳 값이
18이므로 답은 R입니다.

53

17.844kg
강철은 2.462m² × 4.6kg = 11.325kg이고,
퍼스펙스는 1.230m² × 5.3kg = 6.519kg
이므로, 11.325 + 6.519 = 17.844kg이
됩니다.

54

D 그리고 G

55

왼편 바깥쪽 = 84, 왼편 안쪽 = 6,
오른편 안쪽 = 9, 오른편 바깥쪽 = 66
3개의 커다란 원 중에서 중간에 위치한
원의 숫자는 안쪽 원에 있는 두 숫자를
더한 숫자입니다. 바깥쪽 원의 숫자는 그에
접한 중간 원의 두 숫자의 합계에 2를 곱한
숫자입니다.

56

A
각각의 가장 작은 정사각형들이 반시계
방향으로 한 자리씩 이동한 다음 45도
회전합니다.

57

위 = 64, 오른쪽 아래 = 356
왼쪽 아래에서 위로 이동한 다음 오른쪽
아래로 이동하는 각각의 세트에서, 1번째
수에서 2번째 수를 빼서 3번째 수를 얻고,
3번째에서 4번째 수를 빼서 5번째 수를
얻고, 5번째에서 6번째 수를 빼서 7번째
수를 얻습니다.
즉, 759 – 315 = 444, 444 – 64 = 380,
380 – 24 = 356이 됩니다.

58

1417176
수를 이루는 숫자들을 모두 더한 후 해당
숫자를 곱하여 다음의 수를 구하십시오.
5 + 2 + 4 + 8 + 8 = 27 × 52488 = 1417176.

59

가운데 = 21, 오른쪽 = 28
왼쪽 숫자의 두 자리를 곱하여 오른쪽
숫자를 얻은 다음, 이 네 자리에 있는
숫자들을 더하여 가운데 숫자를 구합니다.
7 × 4 = 28, 7 + 4 + 2 + 8 = 21.

60

180
각 모양에 있는 포인트 수에 따라 그 수의
세제곱수에서 두제곱수를 뺍니다. 사라진
숫자는 6개 포인트를 가진 별에 있으므로,
216(6³) – 36(6²) = 180입니다.

61

P
물음표가 있는 별의 각 포인트에 적힌
문자는 알파벳순으로, 아래에 있는 별들에서

그에 상응하는 2개의 문자 중간 지점에 있는
문자입니다.

62

C
왼쪽 위에서 오른쪽 아래까지 연속적인
모양들을 연결한 사슬을 따릅니다.
다음 단계에서, 위에 있는 모양은 아래로
이동하고 다른 모양들은 위로 이동합니다.
그렇게 이동하면서, 맨 위에 다다른 모양은
맨 아래로 가면서 이전과는 다른 음영으로
바뀌게 됩니다. 즉, 흰색은 회색으로,
회색은 검은색으로, 검은색은 흰색으로
바뀝니다.

63

8,120달러
이 차의 가격은 14,000달러에
18%의 세금을 더하기 때문에, 세금
2,520달러를 더해, 차의 총 비용은
16,520달러에 이릅니다. 피터의 아버지는
5,600달러(14,000달러의 40%)와
2,520달러(세금)를 더해서 8,120달러를
피터에게 줄 것입니다.

64

A
π × 반지름² × 길이를 모두 곱하면 부피를
구할 수 있습니다. 이러한 공식을 대입하면
다음과 같은 결과를 얻습니다. A = 35,348,
B = 21,551, C = 19,912. 따라서 가장 무거운
강철봉은 A입니다.

65

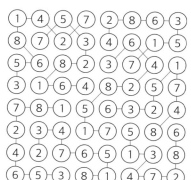

66

R

안쪽 고리에 있는 문자들은 바깥쪽 고리의
반대쪽 섹터의 문자와 알파벳의 시작이나
끝으로부터의 문자 수가 같습니다. 즉, I는
알파벳의 처음부터 9번째 글자이고, R은
알파벳 끝에서 9번째 글자입니다.

67

68

B

69

85

각 정사각형에서 위에 있는 숫자는 아래에
있는 숫자들의 제곱을 합한 수입니다.
$4(2^2) + 81(9^2) = 85$.

70

W

열을 따라 내려가면서, 처음 두 문자의
알파벳 값을 더한 다음 4를 빼서 3번째
알파벳의 값을 얻습니다. 2번째 알파벳과
3번째 알파벳의 값을 더한 다음 4를 빼서
4번째 알파벳의 값을 구합니다. 3번째
알파벳과 4번째 알파벳의 값을 더한 다음
4를 빼서 5번째 알파벳의 값을 구합니다.
예를 들어, B의 값은 2이고 H의 값은
8입니다. 둘을 더한 값인 10에서 4를 빼면
6이 나오고, 6은 F의 값이 되는 식입니다.

71

117

흰색 직사각형에 있는 숫자들은 검은색
직사각형에 있는 숫자 어느 것이든
2개를 곱한 것과 같으므로, 없는 숫자는
117(9 × 13)입니다.

72

504

두 문자의 알파벳 값을 곱한 다음, 이
합계에 9를 곱하면 위의 숫자가 나옵니다.
즉, 8(H) × 7(G) = 56 × 9 = 504가 됩니다.

73

9달러 35센트

생선 1kg과 감자 1kg의 총 가격은 4달러 20센트이며, 생선이 감자보다 2달러 30센트가 더 비쌉니다. 4.20달러에서 2.30달러를 뺀 다음, 그 결과(1.90달러)를 둘로 나눠 2개의 품목(각각 0.95달러) 사이에서 균형을 이룹니다. 따라서 감자는 kg당 0.95달러이며 생선은 kg당 3.25달러(0.95달러 + 2.30달러)입니다. 따라서 생선 2kg의 가격은 6.50달러이고, 감자 3kg의 가격은 2.85달러입니다. 사이먼이 지불한 금액은 6.50달러에 2.85달러를 더해서 9.35달러가 됩니다.

74

N과 56

왼쪽 위의 숫자와 오른쪽 아래 숫자의 합은 글자의 알파벳 값을 세제곱한 수와 같습니다. 이는 오른쪽 위의 숫자와 왼쪽 아래의 숫자를 곱한 것과 같습니다. N = 14, 14^3 = 2744, 1329 + 1415 = 2744, 49 × 56 = 2744.

75

150

E는 알파벳의 5번째 글자입니다. 5의 세제곱(125) + 5의 제곱(25) = 150.

76

5가 적힌 사각형

왼쪽 위 정사각형에서 시작하여 시계 방향으로 가운데를 향하면서, 3번째 흰색 정사각형마다 음영 처리를 합니다.

77

G

왼편에 놓인 각 세트는 오른편에 놓인 각 세트와 호응합니다. 오른편 세트의 문자들은 왼편 세트에 있는 문자들 알파벳 값의 역순 값과 일치합니다.

위에서 아래로, 왼편의 1번째 세트는 오른편의 3번째 세트와 일치하고, 2번째는 4번째와 일치하며, 3번째는 2번째와 일치하고, 4번째는 1번째 세트와 일치합니다.

즉, 왼편 4번째의 T는 20이라는 알파벳 값을 가지며, 그에 상응하는 오른편 1번째 세트의 물음표 자리에는 알파벳 역순 값이 20인 G가 들어가야 합니다.

78

A

각 행의 왼쪽에서 오른쪽 그리고 각 열의 위에서 아래의 순서로 작업합니다. 3번째 사각형에 있는 원들은 처음 두 사각형에 있는 원이 모두 흰색인 경우에만 검은색으로 바뀝니다.

79

15

오른쪽에서 왼쪽으로 위에서 대각선 방향으로 내려가면서, 각 라인 위에 적인 숫자들의 합은 그것의 왼편에 있는 숫자들의 합보다 1이 더 큽니다. (10 + 6 + 15) + 1 = 32

80

E

내부 디자인은 반시계 방향으로 30도

회전하면서 사각형은 45도 회전하고
화살표는 반대 방향으로 바뀌고 검은색과
흰색 원은 위치가 바뀝니다.

81

4

왼쪽에서 오른쪽으로 읽으면서,
A의 순서는 2개의 별과 삼각형과
정사각형이고, B의 순서는 2개의 삼각형과
정사각형과 별이고, C의 순서는 2개의
정사각형과 별과 삼각형입니다.
그런 다음 이러한 A, B, C의 순서를
반복합니다.

82

D

맨 위에 있는 모양이 맨 왼쪽의 모양과
자리를 바꾸면서, 디자인 전체는 반시계
방향으로 45도 회전합니다.

83

82.5km

시속 90km이면, 메리는 분당 1.5km로
이동하는 셈이 됩니다. 따라서 55분 안에
82.5km를 이동할 것입니다.
시속 75km이면, 메리는 분당 1.25km를
이동하는 셈이 되고 66분 동안 82.5km를
가게 될 것입니다.

84

621

각 문자 위의 숫자는, 그 문자의 알파벳
값 앞에 그것의 역순 값을 놓은 것입니다.
예를 들어, A의 알파벳 값은 1이고 그것의
역순 값은 26입니다. 26을 먼저 쓰고 1을

나중에 쓰면 됩니다. U = 21과 6이고,
따라서 621이 됩니다.

85

18

작은 정사각형 안에 있는 두 숫자를 곱하여
답을 얻고, 그 답의 숫자를 거꾸로 합니다.
두 수 중 높은 숫자에서 낮은 숫자를
빼서 큰 사각형 안의 숫자를 얻습니다.
즉, 3 × 8 = 24, 24를 거꾸로 하면 42가
됩니다. 높은 숫자인 42에서 24를 빼면
18을 얻게 됩니다.

86

바깥쪽 고리 = 7, 안쪽 고리 = 3

바깥쪽 고리의 모든 수는 7로 나누어지며,
2번째 고리의 모든 수는 12로
나누어지며, 안쪽 고리의 모든 수는 3으로
나누어집니다.

87

26

왼쪽 위와 오른쪽 아래의 마름모꼴에
적힌 숫자를 더합니다. 그런 다음 오른쪽
위와 왼쪽 아래의 마름모꼴에 적힌
숫자를 더합니다. 두 결과 사이의 차이가
중앙의 마름모에 들어갈 답입니다. 즉,
32 + 26 = 58, 15 + 17 = 32, 58 - 32 = 26.

88

144

왼쪽에서 오른쪽의 순서대로, 원 안에 적힌 숫자들은 아래의 세 집합에서 각각 같은 위치에 있는 숫자들을 왼쪽에서 오른쪽으로, 위에서 아래의 순서로 곱한 결과입니다. 따라서 맨 마지막 순서인 물음표에는 각각의 세 집합에서 왼쪽 아래의 삼각형에 적힌 숫자들을 곱해야 합니다. 즉, $8 \times 9 \times 2 = 144$.

89

K

맨 윗줄에는 $6 + 8 = 14(N)$, 2번째 줄에는 $7(11 - 4) + 12(13 - 1) = 19(S)$, 3번째 줄에는 $4(8 - 3 - 1) + 11(15 - 3 - 1) = 15(O)$, 4번째 줄에는 $10(13 - 3) + 1(6 - 5) = 11(K)$ 그리고 5번째 줄에는 $8 + 8 = 16(P)$ 입니다.

90

I

위쪽 행에 있는 문자들의 알파벳 값 합계에서 가운데 행에 있는 문자들의 알파벳 값 합계를 뺍니다. 결과는 두 자리 숫자이며, 그중 1번째 자리에 있는 숫자는 왼쪽 아래 정사각형에 있는 문자 값이고, 2번째 자리에 있는 숫자는 오른쪽 아래 정사각형에 있는 문자 값입니다. 즉, $18(R) + 24(X) + 4(D) + 8(H) = 54$, $16(P) + 7(G) + 12(L) = 35$, 1번째 결과(54)에서 2번째 결과(35)를 빼면 19가 나옵니다. 따라서 A의 알파벳 값은 1이며 9라는 알파벳 값을 가지는 문자는 I가 됩니다.

91

3

4번째와 5번째 자리에 있는 숫자를 하나의 수로 읽습니다. 1번째, 2번째, 3번째 자리에 있는 숫자는 그 수의 제곱수이며 6번째, 7번째, 8번째, 9번째 자리에 있는 숫자는 그 수의 세제곱수가 됩니다. 따라서 17의 세제곱수는 4913이 됩니다.

92

6

각 행에서, 중앙 세 칸에 있는 숫자들의 합은 두 자리 수가 됩니다. 그 수의 1번째 자리에 있는 숫자는 왼쪽 끝에 두고, 2번째 자리에 있는 숫자는 오른쪽 끝에 둡니다. 따라서 물음표가 있는 행에서, 세 자리를 더해 39(왼쪽의 3과 오른쪽의 9)가 나오려면, $13 + 6 + 20 = 39$이므로 물음표 자리에는 6이 들어가야 합니다.

93

6월 6일

시계는 5월 1일 정확했고 6일마다 1시간씩 빨라졌으므로, 5월 7일에는 (정확한) 8시 30분에 9시 30분을 나타냈을 것이고, 5월 13일에는 10시 30분, 5월 19일에는 11시 30분, 5월 25일에는 12시 30분, 5월 31일에는 1시 30분 그리고 6월 6일에는 2시 30분으로 보였을 것입니다.

94

왼쪽 = 87, 오른쪽 = 147

각 오각형의 같은 위치에 있는 숫자 중, 위쪽 오각형의 두 숫자를 곱하면, 아래쪽 오각형의 같은 위치에 있는 두 숫자를

합한 수가 나옵니다. 따라서 왼쪽 물음표
자리에는 14 × 12 = 168 – 81 = 87이
나오고, 오른쪽 물음표 자리에는
16 × 14 = 224 – 77 = 147이 나옵니다.

95

631

위에서 아래의 순서로, 각 숫자는 20부터
14까지 순서대로 연속된 수의 세제곱수
사이의 차이입니다.

$20^3 – 19^3 = 1141$, $19^3 – 18^3 = 1027$,
$18^3 – 17^3 = 919$, $17^3 – 16^3 = 817$,
$16^3 – 15^3 = 721$, $15^3 – 14^3 = 631$.

96

위쪽 = 47, 아래쪽 = 44

안쪽 고리의 숫자는 중간 고리에 있는
인접한 두 숫자의 차이입니다. 바깥쪽
고리의 숫자는 중간 고리에 있는 인접한
두 숫자의 합에, 그 두 숫자에 인접한
안쪽 고리의 세 숫자를 합한 것입니다.
따라서 위쪽 물음표의 경우, 12 + 18 = 30,
7 + 6 + 4 = 17이므로 30 + 17 = 47이
됩니다.

97

2	6	1	5	4	3
3	5	2	4	1	6
1	3	4	6	5	2
6	4	5	3	2	1
5	2	6	1	3	4
4	1	3	2	6	5

98

19345 그리고 367555

위에서 아래의 순서로, 1번째 숫자에
13을 곱해서 다음 숫자를 구하고, 그것에
14를 빼서 그다음 숫자를 얻고, 15를 곱해
다음 숫자를 얻고, 16을 빼서 그다음 수를
얻고, 17을 곱해 다음 수를 얻는 식입니다.
따라서 18을 빼서 다음 수를 얻고 19를
곱해 그다음 수를 얻을 수 있습니다.
19363 – 18 = 19345,
19345 × 19 = 367555.

99

106

각 행에서, 정사각형에 있는 숫자들의
세제곱수의 합은 원에 있는 두 숫자의 합과
같습니다.
$6^3 = 216$, $3^3 = 27$,
216 + 27 = 243 – 137 = 106.

100

위 = 36, 아래 = 87

위쪽 원의 각 숫자는 아래쪽 원 같은
위치의 대각선으로 반대쪽에 있는 숫자의
3분의 1입니다.

101

5

각 세트에서, 위쪽과 오른쪽 삼각형에
있는 숫자를 곱한 다음, 그 결과를 아래쪽
삼각형에 있는 숫자로 나누어 왼쪽
삼각형에 있는 숫자를 알아냅니다.
20 × 29 = 580 ÷ 116 = 5.

102

165

각 행에서, 왼쪽에서 오른쪽의 순서로
처음 두 칸의 숫자를 곱한 다음 4로 나누어
3번째 칸의 숫자를 구합니다.

$15 × 44 = 660, 660 ÷ 4 = 165.$

103

6498

적힌 숫자들은 위에서 아래의 순서로
12에서 19까지의 숫자들의 세제곱수에서
제곱수를 뺀 숫자들입니다.

104

L

각각의 수는 정반대에 놓인 알파벳 값의
세제곱이거나 제곱수입니다.

(L) $12^3 = 1728.$

105

11

숫자는 쌍을 이룬 2개의 주사위에서,
홀수가 나온 면의 점 합계와 짝수가
나온 면의 점 합계 사이의 차이입니다.
따라서 13(홀수의 합계) – 2(짝수의
합계) = 11입니다.

106

16

각 행과 열에서, 모서리의 분할된
정사각형에 있는 4개의 숫자의 합은
모서리 정사각형들 사이에 있는
직사각형에 적힌 숫자들의 합과 같습니다.

107

J

왼쪽 상단에 있는 박스에서 오른쪽 하단에
있는 박스로, 그다음 오른쪽 상단 박스에서
왼쪽 하단 박스로 왔다 갔다 움직임을
반복합니다. 처음에 C로 시작하여 알파벳
순서로 계속 가다가 Z에 도달하면 다시
A로 돌아갑니다. 순서는 맨 위쪽 줄에서
왼쪽부터 오른쪽으로, 그리고 가운데 줄로
그다음 맨 아래 줄로 이동합니다.

108

48

왼쪽 위의 숫자는 오른쪽 아래에 있는 두
숫자를 곱한 결과이고, 왼쪽 위에서 아래로
2번째에 있는 숫자는 오른쪽 아래에
있는 2번째 숫자와 3번째 숫자를 곱한
결과입니다. 이런 방식으로 12 × 4(=48)에
이를 때까지 계속 작업합니다.

109

4

각 행을 오른쪽에서 왼쪽으로 읽습니다.
1번째 숫자에 2번째 숫자를 곱한 결과는
나머지 두 자리 숫자로, 1칸당 1개씩
입력합니다.
9 × 6 = 54가 되므로, 오른쪽에서 왼쪽의
순서로 9, 6, 5, 4가 됩니다.

110

25

각 사분면에 있는 문자들의 알파벳 값을
곱한 다음, 결과로 나온 두 자리 수의
각 숫자를 곱하여 그 아래에 놓일 수를
구합니다. K의 알파벳 값은 11이고 E의

알파벳 값은 5입니다.
따라서 11 × 5 = 55, 각 자리에 있는 숫자를
곱하면 5 × 5 = 25가 됩니다.

111

31

각 열에서, 짝수 알파벳 값을 합한 것에서
홀수 알파벳 값의 합을 빼줍니다.
1(A) + 5(E) + 15(O) = 21,
10(J) + 20(T) + 22(V) = 52, 52 − 21 = 31.

112

5

처음 10개의 소수를 거꾸로 열거하면
29(10번째), 23(9번째), 19(8번째),
17(7번째)이 됩니다. 이 소수들을 쌍을 이뤄
더하면 주어진 합계와 같습니다. 따라서
3(2번째) + 2(1번째) = 5입니다.

113

922

각 원의 숫자 하나의 수와 3개의 숫자,
둘 다를 의미하는 것으로 간주합니다.
3개의 숫자를 모두 곱한 다음 하나의 수를
더하면 다음 숫자를 구할 수 있습니다.
8 × 2 × 6 = 96 + 826 = 922.

114

위 = 68, 아래 = 11.75

각각의 열에서, 각 숫자를 반으로 나누고
4를 더하면 아래에 적힌 수를 구할 수
있습니다.

115

1 7 1 2 2 0 4

각각의 행에서, 처음 두 자리를 하나의
전체 수(1번째라고 부름)로 여기고, 2번째
두 자리를 하나의 전체 수(2번째라고
부름)로 여기고, 마지막 세 자리를
하나의 전체 수(3번째라고 부름)로
여깁니다. 3번째는 1번째와 2번째 수를
곱한 결과입니다. 각행에서 위에서
아래로 내려갈 때마다, 1번째 숫자는
둘씩 증가하고 2번째 숫자는 하나씩
감소합니다. 따라서 17 × 12 = 204입니다.

116

3개

4개의 클로버는 8개의 스페이드와 무게가
같으므로(저울 A), 8개의 스페이드는
2개의 하트와 같고(저울 B) 4개의
스페이드는 1개의 하트와 같습니다.
따라서 12개의 스페이드는 3개의
하트와 같습니다. 저울 C에서는 12개의
스페이드를 3개의 하트로 대체하므로,
12개의 스페이드는 4개의 다이아몬드와
같다고 할 수 있습니다. 즉, 3개의
스페이드는 1개의 다이아몬드와 같습니다.
저울 D에서 4개의 스페이드(위)를 하트
1개로 대체하고, 2개의 스페이드를
1개의 클로버(스케일 A)로 대체했으므로
저울 D에는 총 9개의 스페이드가 있는
셈입니다. 따라서 저울 D의 균형을 맞추기
위해서는 3개의 다이아몬드가 필요합니다.

117

C

각 행에서, 왼쪽 정사각형의 검은색
네모들이 중앙 정사각형의 네모들에
더해진 다음, 같은 위치에 있던 검은색
네모들이 사라지면서 오른쪽 정사각형의
네모들이 됩니다. 각 열에서, 맨 위쪽
정사각형의 검은색 네모들이 중앙
정사각형의 네모들에 더해진 다음, 같은
위치에 있던 검은색 네모들이 사라지면서
맨 아래 정사각형의 네모들이 됩니다.

118

6851

각 문자의 값은 문자의 알파벳 값의
세제곱수를 구한 다음, 그 수에서 문자의
알파벳 역순 값을 빼면 됩니다.
S = 19, 19^3 = 6859, 6859 - 8 = 6851.

119

36.5

검은색 다이아몬드 값은 3.5, 흰색
다이아몬드 값은 8, 회색 다이아몬드 값은
9입니다.

120

오른쪽 = 64, 중간 = 96, 왼쪽 = 97

맨 위 오른쪽 사각형에서 시작하여
오른쪽 아래 대각선 방향으로 작업해서,
맨 아래에 도달하면 다시 맨 위에 있는
그다음 왼쪽 사각형으로 이동합니다.
숫자들은 반복되는 패턴으로 진행됩니다.
즉, 1번째 수에서 11을 빼서 2번째
수를 얻고, 그 수에 14를 더해 3번째
수를 얻는 식으로 반복합니다. 왼쪽 위

정사각형의 대각선을 마치면 2번째
행의 맨 왼쪽 정사각형으로 내려와서
계속합니다. 따라서 75 - 11 = 64(오른쪽),
82 + 14 = 96(가운데),
108 - 11 = 97(왼쪽)이 됩니다.

121

6

중앙의 수직선 양쪽에 있는 위쪽 두 섹터
숫자의 합계는 상응하는 아래 수직선
양쪽의 두 섹터에 있는 숫자의 합(9)과
같습니다. 여기서 시계 방향으로 그다음
두 섹터에 있는 숫자 합(12)도 같습니다.
마지막으로, 이로부터 시계 방향으로 다음
두 섹터의 숫자 합(15)도 같습니다. 따라서
6 + 9 = 15, 7 + 8 = 15입니다.

122

84

A 하단의 숫자는 A와 B의 오른쪽 상단
숫자들의 합이고, B 하단의 숫자는 A와 B의
왼쪽 상단 숫자들의 합입니다. C 맨 위의
숫자는 C와 D의 오른쪽 아래 숫자들의
합이고, D 맨 위에 있는 숫자는 C와 D의
왼쪽 아래 숫자들의 합입니다.
따라서 27 + 57 = 84가 됩니다.

123

76

맨 위 숫자와 중앙의 숫자를 곱한 다음
맨 아래에 있는 숫자를 더하면, 중앙 행에
있는 왼쪽에서 오른쪽으로 읽는 세 자리의
숫자가 나옵니다. 즉, 14 × 8 = 112, 중앙에
있는 숫자 188에서 112를 빼면 76이
나옵니다.

124

7 그리고 5

각 행의 왼쪽에서 오른쪽으로 1번째와 2번째 숫자의 합을 구해 그 수를 각각 더하면 3번째 숫자가 나옵니다. 2번째 숫자와 3번째 숫자의 합을 구해 그 수를 각각 더하면 4번째 숫자가 나옵니다. 즉, 9+7=16이고, 16 각 자리의 수를 더하면 1+6=7이 됩니다. 마찬가지로 7+7=14, 1+4=5가 됩니다.

125

9

원의 상단에 있는 각 섹터에서, 바깥 부분의 두 숫자를 곱한 수에 안쪽 부분의 숫자를 곱합니다. 원의 하단에 있는 각 섹터에서, 바깥 부분의 두 수를 곱한 수에 안쪽 부분의 숫자를 더합니다. 이렇게 나온 합은 대각선으로 반대 섹터에 있는 합과 동일합니다. 예를 들어, 원의 상단에 있는 (5×8)×2=80이고 그와 대각선에 있는 하단의 숫자 (7×11)+3=80으로 서로 같습니다. 따라서 상단의 숫자들은 (3×6)×5=90이고 하단의 숫자들은 (9×9)+9=90이므로 9가 나옵니다.

126

4830

중앙에 있는 수는 별의 각 포인트에 있는 5개의 숫자를 합한 다음, 별의 맨 위 포인트에 있는 수로 곱한 것입니다. 따라서 35+15+14+13+61=138, 138×35=4830이 됩니다.

127

왼쪽=10, 오른쪽=24

위의 두 사각형의 여덟 칸에 있는 숫자들은 각각 아래의 네 사각형의 같은 위치에 있는 칸 문자들의 알파벳 값의 합입니다. 다만, 왼쪽 사각형에 있는 숫자들은 아래 4개의 사각형에서 같은 위치 칸의 문자의 짝수 알파벳 값의 합이고, 오른쪽 사각형에 있는 숫자들은 아래 4개의 사각형에서 같은 위치 칸 문자의 홀수 알파벳 값의 합입니다. 따라서 왼쪽 물음표에 상응하는 아래의 네 칸의 문자는 J(10), M(13), Q(17), K(11)이며 이 중에서 짝수의 값은 J(10) 하나이므로 답은 10이 됩니다. 오른쪽 물음표에 상응하는 아래의 네 칸의 문자는 S(19), Z(26), E(5), T(20)이며 이 중에서 홀수의 값은 S와 E이므로 19+5=24가 됩니다.

128

1번째 행=L, 4번째 행=L, 5번째 행=X, 6번째 행=X

맨 처음 행에서 왼쪽에서 오른쪽 순서로 각 문자의 알파벳 값에 2를 곱하면 4번째 행에서 오른쪽에서 왼쪽의 순서로 각 문자의 알파벳 값이 나옵니다. 2번째 행에서 왼쪽에서 오른쪽 순서로 3을 곱하면 5번째 행의 오른쪽에서 왼쪽의 순서로 각 문자의 값을 구할 수 있습니다. 3번째 행에서 왼쪽에서 오른쪽 순서로 4를 곱하면 6번째 행에서 오른쪽에서 왼쪽의 순서로 각 문자의 값을 구할 수 있습니다.

129

위 = L, 아래 = J

원 1에서 원 4까지 순서대로, 각각의 글자는 이전 위치에서 시계 방향으로 다음 섹터로 이동하면서 알파벳에서 두 자리씩 전진합니다.

130

0.25	2.10	5.00	9.00	23.625
2.25	3.00	0.50	7.10	23.96
4.00	6.80	0.90	0.20	4.90
3.40	0.60	0.50	6.00	6.12

7.65	25.70	1.125	76.68	4.05

104.04

131

8200

오른쪽의 두 숫자를 곱한 뒤, 왼쪽의 두 숫자의 합을 곱한 다음, 답을 반으로 나누면 아래의 숫자를 구할 수 있습니다. 따라서 오른쪽 두 숫자를 곱한 후(16 × 25 = 400) 왼쪽 두 숫자의 합(26 + 15 = 41)을 곱한 다음 둘로 나누면(41 x 400 = 16400 ÷ 2 = 8200), 답이 나옵니다.

132

A = 2, B = 11, C = 22, D = 6, E = 15, F = 21, G = 7, H = 14, I = 1, J = 9, K = 18, L = 3, M = 4, N = 12, O = 5, P = 20, Q = 8, R = 16, S = 17, T = 10, U = 25, V = 23, W = 24, X = 13, Y = 26, Z = 19

적어도 L이나 M 중의 하나는 2나 3 또는 4입니다(단서 6). 문자 B(단서 1), G(단서 3), J(단서 5), Q(단서 8), N(단서 12)와 X(단서 14)는 모두 A로 곱했을 때 최대 26까지 나올 수 있습니다. 3을 곱해 26까지 나오려면 2에서 8까지의 수가 가능하므로 A는 2입니다. N은 13이 아니며 최소한 3 × 4(단서 6)이므로, N(단서 12)은 12이며 W는 24입니다.

L 그리고 / 또는 M은 3 그리고 / 또는 4입니다(단서 6). O는 5나 6이나 7입니다(단서 7). X는 13 또는 더 적은 수(단서 14)이므로, 결국(단서 13) Q는 5 ,6 ,7 ,8 중 하나입니다. P는 17이나 19가 아니므로(단서 7), Q는 5나 7이 아닙니다(단서 9). Q는 6이 아니므로(단서 8) Q는 8이고 R은 16입니다. P는 20이고(단서 9) M은 4이며(단서 7) O는 5가 됩니다. L은 3입니다(단서 6). X는 13입니다(단서 13). Y는 26입니다(단서 14). C는 14, 18 또는 22이며(단서 1) H(단서 3)와 K(단서 5)도 마찬가지입니다. 그리고 B, G 그리고 / 또는 J는 7, 9 그리고 / 또는 11입니다. E는 적어도 15(단서 4)이며 R은 16이므로, D는 1이 아닙니다(단서 2). D는 6이나 10이며(단서 2) T(단서 11)도 마찬가지입니다. 따라서 E는 15, 17 또는 19이며(단서 2와 11) F 그리고 / 또는 U는 21, 23 또는 25입니다. X는 13이므로 S는 15나 17이며(단서 10) U는 23이나 25입니다. 대입해서 소거해나가면, I는 1이고(단서 4) E는 15나 19입니다. 이렇게 해서 U는 25이며(단서 10과 11) S는 17입니다(단서 10). F는

21이나 23이므로 D는 6(단서 2)입니다. T는 10(단서 11)이고 E는 15입니다. F는 21(단서 2), H는 14(단서 4), G는 7(단서 3), J는 9 그리고 Z는 19(단서 15)입니다. K는 18(단서 5), B는 11이고 C는 22(단서 1)입니다. 이런 식으로 소거하면 V는 결국 23이 됩니다.

133

왼쪽 = 54, 오른쪽 = 15
상단의 두 원에서 같은 위치에 있는 숫자들을 곱하면 왼쪽 하단 원의 대각선 방향 정반대 위치에 있는 숫자를 얻을 수 있습니다. 즉, 9 × 6 = 54가 됩니다. 상단의 두 원에서 같은 위치에 있는 숫자들을 더하면 오른쪽 하단 원의 대각선 방향 정반대 위치에 있는 숫자를 얻을 수 있습니다. 즉, 7 + 8 = 15가 됩니다.

134

D
회전 횟수에 각 톱니의 개수를 곱한 것에 톱니가 도는 속도를 곱하면 다음과 같은 시간이 나옵니다.
A = 1100초, B = 1080초, C = 20125초, D = 1050초입니다. 따라서 가장 빨리 회전을 멈추는 톱니바퀴는 D입니다.

135

♣ = 1, ● = 2, ◆ = 3, ♣ = 4, ▲ = 5,
★ = 6, ▼ = 7, ♠ = 8, ♥ = 9, ■ = 0
12 − 3 = 9, 7 × 2 = 14, 4 × 12 = 48,
4 + 12 = 16, 16 × 3 = 48, 5 × 12 = 60

136

31
별 중앙에 놓인 숫자는 다음 순서대로 읽히는 숫자의 세제곱근입니다. 위쪽, 왼쪽 가운데, 오른쪽 가운데, 왼쪽 아래, 오른쪽 아래의 순서입니다. 따라서 2, 9, 7, 9, 1의 순서로 읽은 수, 29791의 세제곱근은 31입니다.

옮긴이 **이은경**

광운대학교 영문학과를 졸업했다. 저작권에이전시에서 에이전트로 근무했으며,
현재 번역에이전시 엔터스코리아에서 출판 기획 및 전문 번역가로 활동하고 있다.
주요 역서로는『DK 체스 바이블』『멘사 지식 퀴즈 1000』『멘사퍼즐 수학게임 : IQ
148을 위한』『수학 올림피아드의 천재들』『원자에서 우주까지 과학 수업 시간입니
다』등이 있다.

튜링 테스트 1

튜링과 함께하는 아이큐 퍼즐

초판 1쇄 인쇄일 2022년 9월 2일
초판 1쇄 발행일 2022년 9월 16일

지은이   튜링 재단·에릭 손더스
옮긴이   이은경
펴낸이   강병철
편집   정사라 박혜진 최웅기
디자인   박정은
마케팅   최금순 오세미 공태희
제작   홍동근

펴낸곳   이지북
출판등록   1997년 11월 15일 제105-09-06199호
주소   02755 서울시 마포구 양화로6길 49
전화   편집부 (02)324-2347 경영지원부 (02)325-6047
팩스   편집부 (02)324-2348 경영지원부 (02)2648-1311
이메일   ezbook@jamobook.com

ISBN   978-89-5707-254-7 (04410)
ISBN   978-89-5707-253-0 (세트)

"콘텐츠로 만나는 새로운 세상, 콘텐츠로 만나는 새로운 방법, 책에 대한 새로운 생각"
이지북 출판사는 세상 모든 것에 대한 여러분의 소중한 콘텐츠를 기다립니다.